KB272961

이슈로 풀어본 관광의 어제와 오늘

이슈로 풀어본 관광의 어제와 오늘

KCSI 한국학술정보㈜

나라 팔아먹고 산 30년

　1978년 9월, 당시 국제관광공사에 입사한 이래 2008년 6월 현재까지 관광지 마케팅으로 삶을 영위하고 있으니 꼭 30년 동안 나라 팔아먹고 살아온 셈이다. 2000년 초까지 재직한 한국관광공사에서는 순수하게 관광 목적지로서의 한국을 마케팅 하는 업무에만 종사했으니 나라 팔아먹고 살았다는 게 과장이나 거짓이 될 수 없다. 이후 대학으로 직장을 옮긴 후에도 주로 관광지 마케팅 강의를 하고 있어 관광공사 재직 22년과 대학 강의 8년을 합치면 꼭 30년을 나라 파는 일에 종사해온 셈이다.

　관광공사 재직 시는 두 차례의 뉴욕 근무를 통해 미국과 캐나다의 동부시장을 대상으로 우리나라를 마케팅 했다. 지사를 개설하면서 부임한 밀라노지사장 시절엔 이탈리아는 물론 스위스 일원, 슬로베니아, 크로아티아, 그리스 등의 발칸반도 그리고 이스라엘을 포함한 중동까지의 관할지역을 누비면서 대한민국을 팔러 다녀 로마황제를 자임했었다. 세 차례에 걸친 십여 년 간의 해외주재 근무는 필자 인생의 황금기로서 글로벌 환경에 대한 견문과 충만한 보람을 안겨 준 시기이기도 하였다. 특히 뉴욕 근무 시는 야간으로 석사과정 공부까지 병행할 수 있는 행운이 주어져 오늘날 대학 강단에 설 수 있는 기틀을 마련하기도 했다.

다양한 해외경험을 바탕으로 대학에 부임하던 해부터 쓰기 시작한 관광칼럼은 금년까지 만 8년 동안 관광의 여러 이슈들에 관한 담론을 나름대로 개진해왔다. 2000년 5월부터 쓰기 시작한 관광논단은 신문사 사정으로 논단 자체를 편집에서 제외한 기간을 빼놓고는 단 한 달도 거르지 않은 긴 여정이었다. 돌이켜보면 논단을 시작하면서 주창하였던 한국관광의 심벌과 슬로건 창출, 광화문광장 조성, 한강 르네상스 프로젝트 등의 대표적인 이슈들이 실현되었거나 실현되고 있는 과정인 것을 지켜보면서 필자의 감회 역시 남다르지 않을 수 없다.

8년이란 적지 않은 세월 동안의 칼럼 집필로 재충전의 시간을 절감하던 차에 마침 한국학술정보사에서 그간의 칼럼을 모아 단행본으로 출간해 주겠다고 하니 지난 삼십년을 매듭지으면서 새로운 세계를 모색할 수 있는 좋은 계기를 맞이한 셈이다. 다행스럽게도 때 마침 주어진 안식년을 계기로 앞으로 남은 대학 강단생활은 관광지를 파는 대신 카메라를 둘러메고 관광지를 즐기며 이를 학생들과 공유하고 또 대중들에게 소개하는 순수 관광의 매력에 푹 빠져볼 요량이다. 말하자면 이제야 비로소 직업으로서의 관광 종사자가 아닌 진정한 의미의 순수 여행자가 되어보고자 하는 것이다.

2008년 7월
저자 박의서

목 차

제4장 관광산업의 미래 / 149

제5장 여행 문화의 새로운 지향 / 203

관광의 정책적 이슈

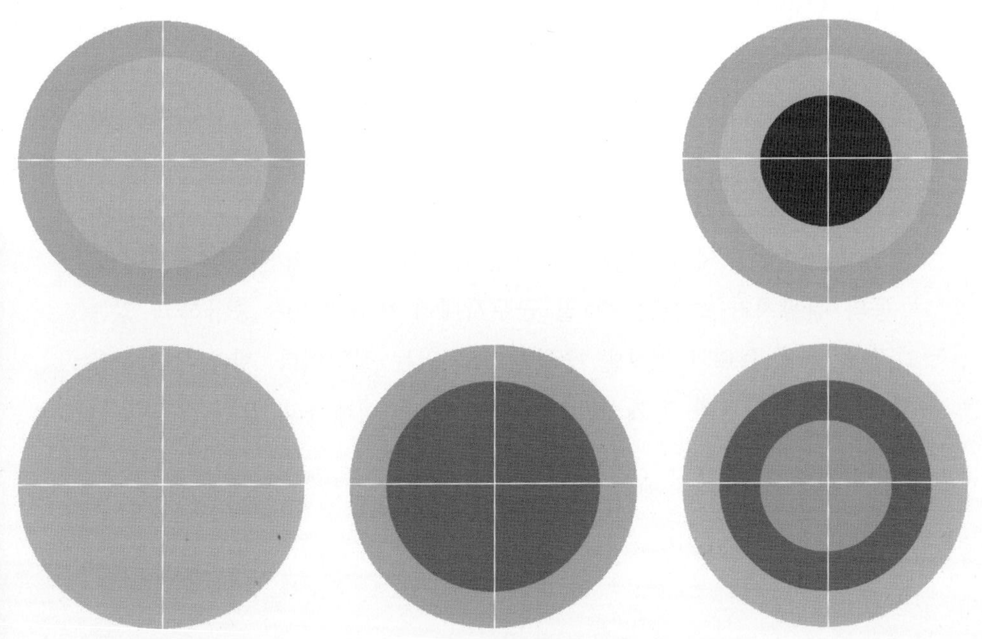

제1장

문화관광산업과 권력의 이동

근래 우리는 새로운 사회 현상을 경험하고 있다. 주말 연휴나 휴
가철이 되면 많은 사람들이 가까운 동남아나 태평양 연안에서 휴식
이나 골프를 즐기기 위해 공항에 장사진을 이루고 방학을 맞은 학생
들은 언어 연수나 이국 문화체험을 위해 배낭을 걸머지고 유럽, 일
본, 중국 등지로 무리지어 이동하는 새로운 여행 문화가 그것이다.
이러한 풍경은 박정희 정권 이후 수출드라이브 정책의 일환으로 관
광을 외화벌이 수단으로 집중 육성하여온 이래 주로 외국인 관광객
의 편의만을 고려하여 왔던 시대의 관광 문화와는 사뭇 다른 모습이
다. 그나마 그 시절 외화벌이 하겠다고 투자한 설악산, 경주, 제주도
등의 관광지가 오늘날 주5일 근무시대에 폭발적으로 증가하고 있는
국내 관광 수요의 일부를 충족시키고 있는 실정이다. 향후 경제운용
에 있어서 성장과 함께 분배의 중요성이 증대해가고 있는 것처럼 관

광도 이제는 종전과 달리 외화벌이보다는 국민들의 삶을 풍요롭게 해 주는 매개체의 역할이 훨씬 더 중요해지고 있다.

'미래의 쇼크', '제3의 물결' 등의 저서를 통해 21세기의 새로운 조류를 예측하였던 미래학자 앨빈 토플러(Alvin Toffler)는 '권력의 이동'이라는 책에서 권력의 원천은 완력, 돈 그리고 정신에서 파생되는 것으로 파악했다. 이와 같은 권력의 원천은 폭력, 부, 지식의 다른 표현으로서 새로운 세기의 파워는 전통적인 권력의 원천이었던 폭력이나 부(富)가 아닌 정보와 문화로 대표되는 지식산업으로 이동될 것임을 예견한 것이다. 그러므로 이제 막 문턱을 넘어서고 있는 새로운 세기의 국가경쟁력은 군사력이나 경제력에서 나오는 것이 아니라 문화의 힘에서 나온다. 그것은 미국의 영화산업과 가까운 일본의 애니메이션 산업이 이 분야에서 각각 전 세계시장을 장악하고 있는 것에서 잘 설명되고 있다. 미국 문화의 원류라며 콧대를 높이고 있는 유럽 각국의 텔레비전 오락 프로그램마저도 미국 영화와 일본 만화가 휩쓸고 있는 것이 오늘의 현실인 것이다.

반면에 우리는 반만년의 역사가 남겨놓은 훌륭한 문화를 자랑하고 있지만 그동안 먹고사는 일에 쫓겨 우수한 우리 문화를 산업화하여 해외에 알리는 데는 소홀할 수밖에 없었다. 21세기는 지식과 문화가 재산 가치인 시대이고 문화가 경쟁력인 세기에서 문화상품의 개발과 산업화는 물론 문화산업을 해외에 홍보하는 매개체인 관광의 역할 역시 매우 중요하다. 따라서 정부의 정책도 국민의 행복 추구권을 보장하고 국가 경쟁력을 증진하는 방편으로서의 문화와 관광의 중요성을 간과해서는 안 될 것이다.

　새로운 파워의 매개로서의 문화와 관광의 중요성을 깨달은 많은 통치자들은 관광 세일즈맨의 역할을 자임하여 크게 성공한 일이 있다. 1990년대 초 걸프전을 승리로 이끌었던 조지 부시 전 미국 대통령은 텔레비전 관광홍보 모델로 출연하여 오늘날 미국을 관광대국인 프랑스나 이탈리아를 능가하는 세계 최고의 관광수입국으로 발전시켰고, 열혈 여장부의 강인한 이미지를 가지고 있었던 마가렛 대처 전 영국 수상 역시 부드러운 모습으로 텔레비전의 관광광고 모델로 등장하여 관광목적지로서의 영국을 전 세계에 홍보함으로써 영국을 관광객 입출국 규모 모두 세계 5위권 이내의 관광대국으로 도약시키는 견인차 역할을 했다. 우리나라도 환란으로 외환보유고가 고갈되었던 1998년 당시, 취임 직후였던 김대중 대통령이 해외 관광광고의 모델을 자임해 그때 벌어들인 관광외화가 외환위기 극복의 효자역할을 톡톡히 해낸 일이 있었다.

　일할 권리와 함께 휴식의 권리가 나날이 증대되고 있고 여가의 증대는 문화생활에 대한 국민의 수요를 폭발적으로 증폭시키고 있다. 새로운 세기에서 국민의 행복지수는 얼마나 풍요로운 여가와 문화생활을 향유할 수 있느냐의 여부에 달려 있다고 해도 지나친 말이 아닐 것이다. 폭발적으로 증대되고 있는 여가 수요와 향후 국가경쟁력을 좌우할 수 있는 문화와 관광산업에 대한 정부의 관심이 그 어느 때보다도 우선되어야 할 시점이다. <2003. 3. 7>

여행수지가 서비스수지 적자의 주범인가

우리나라의 서비스수지 적
자가 날로 커지고 있어 이에
대한 우려의 목소리 역시 같
은 비중으로 높아지고 있다.
한국은행에 의하면 1990년
대 후반 외환 위기에서 벗어
난 이후 적자폭이 급격히 증
가하기 시작한 서비스수지

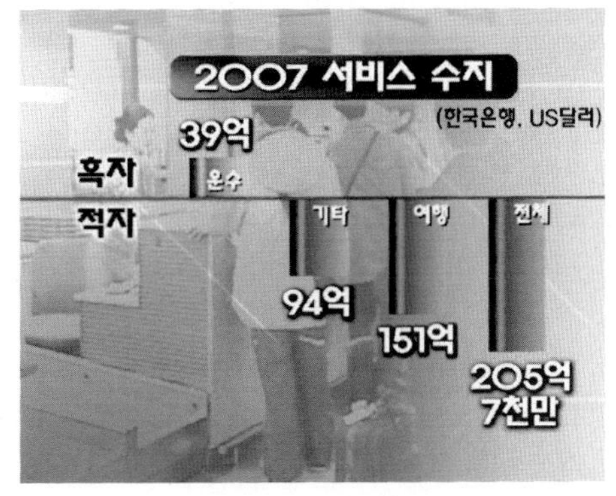

적자의 가장 큰 부분을 차지하는 여행수지 적자가 매년 엄청난 규모
로 커지고 있다. 이 가운데 순수 국외여행에 의한 적자는 물론 국외
유학과 연수에 의한 적자도 포함되어 있다. 한국은행의 같은 통계에
따르면 그동안 흑자를 냈던 선박과 항공 운임 부문마저도 흑자폭이
감소하고 있다고 한다.

이에 따라 여행과 로열티 지급에 따른 기타 서비스수지를 합친
전체 서비스수지 적자가 눈덩이처럼 불어나면서 우리나라 전체 경상
수지마저 적자로 돌아서게 하는 공신의 역할을 하고 있다.

특히 일인당 국민소득이 2만 달러를 넘어서고, 개방화 속도 역시
급속하게 진행되는데다가 원－달러 환율이 계속 절상될 경우 여행수
지 악화에 따른 서비스수지 적자폭은 더욱 커질 전망이어서 여행수
지가 서비스수지 적자에 미칠 파급 효과에 대한 우려 역시 더욱 거

세질 것으로 보인다.

상품수지의 경우 흑자폭이 줄고 있긴 하지만 여전히 대규모 흑자 행진을 계속한 반면, 서비스수지는 적자 행진을 이어가고 있다. 서비스수지 적자가 급증하는 데는 무엇보다 여행·유학·연수비용 지출이 해마다 크게 늘고 있기 때문으로 풀이된다.

국외여행·유학·연수비로 구성되는 여행수지의 급증에 따른 서비스수지 악화는 경상수지 악화를 가져올 뿐 아니라 내수와 고용에도 악영향을 끼칠 것으로 우려되고 있다. 국외여행 급증에 따른 국외소비는 국내 생산과 소득으로 연결되지 않고 국내 고용을 유발하는 효과도 없는 것이 문제이다.

LG경제연구원의 한 보고서에 의하면 한 해 해외 소비가 모두 국내에서 평균적인 가계 지출 구성 비율로 이루어졌다고 가정하면 약 23만 명의 새로운 일자리가 창출될 수 있어 그만큼의 고용 기회가 해외로 유출된 것으로 볼 수 있다는 분석이다.

일반적으로 관광과 여행은 서비스와 고용 창출 산업으로 알려져 있다. 그렇지만 요즈음 국외여행의 구매 패턴을 보면 의료, 교육과 연수, 골프 등 서비스를 구매하는 여행이 해외 소비의 주류를 이루고 있다.

그러나 서비스수지 적자를 해결하기 위해서 서비스수지 적자의 원흉으로 지목되고 있는 국외여행을 줄이려는 물리적, 제도적인 노력은 가능하지도 않을뿐더러 국외여행의 문화적, 교육적 측면의 긍정적인 효과를 고려할 때 바람직한 대책이 될 수도 없다고 본다.

오히려 상품수지와 여행수지 이외의 로열티 등 기타 서비스수지를 극대화시켜 여행수지 적자를 상쇄해 나가는 것이 대부분의 선진국들이 채택하고 있는 경상수지 관리 정책이다.

따라서 서비스수지 개선을 위해서는 의료, 교육 등 서비스산업의 경쟁력을 확보해 서비스 수출을 확대해 나가야만 하며 특히 서비스시장의 개방과 경쟁이 확대되고 있는 환경에 적극적으로 대응해 나가는 것이 중요하다.

우리나라 서비스 산업 중 개방 정도가 높은 운수부문의 경쟁력은 비교적 높은 반면 각종 규제로 개방이 지연되고 있는 통신, 교육, 의료, 법률 부문의 경쟁력은 오히려 낮다는 LG경제연구원의 지적은 서비스수지 개선의 답이 무엇인지를 분명하게 시사하고 있다. <2006. 4. 10>

절실한 여가전담기구 설치

문명의 이기를 극대화하고자 하는 인류의 노력 이면에는 인간성 상실, 환경파괴와 같은 폐해가 속출하고 있다. 하루가 다르게 진전되고 있는 정보화와 기계화는 삶의 동선을 점점 단순화시키고 있어 여가 활용을 통한 삶의 질을 향상시키려는 욕구는 상대적으로 커지고 있다. 소비자들의 소득 수준과 라이프스타일의 변화 역시 삶의 질을 추구하게 하는 강력한 동인으로 작용하고 있다. 일반적으로 삶의 질은 가족 관계, 건강, 수입 등에 의해 대부분 결정되는 것이지만 이와는 별도로 인간은 누구나 자신이 좋아하는 활동을 하고 싶어 하는 본능을 가지고 있다. 이러한 환경에서 개인이나 정책 당국을 막론하고 여가에 관심을 가져야 하는 이유를 열거하는 것은 이미 진부한 일이 되었다. 주5일제의 전면적 시행, 가치관의 변화, 고령사회로의 급격한 전환 등은 귀가 닳도록 듣고 있는 말들이다.

이와 같이 여가에 관한 관심과 수요는 계속적으로 폭증하고 있는 데 비해 정부의 여가에 관한 대책이나 정책은 전무한 것이나 다름없다. 비단 여가 수요의 폭증 현상이 아니더라도 보통 사람의 하루 생활 중 수면과 노동 시간을 빼면 나머지 시간은 모두 여가로 구성되어 있다. 그러나 정부에 보건과 근로를 관장하는 부서는 있어도 개

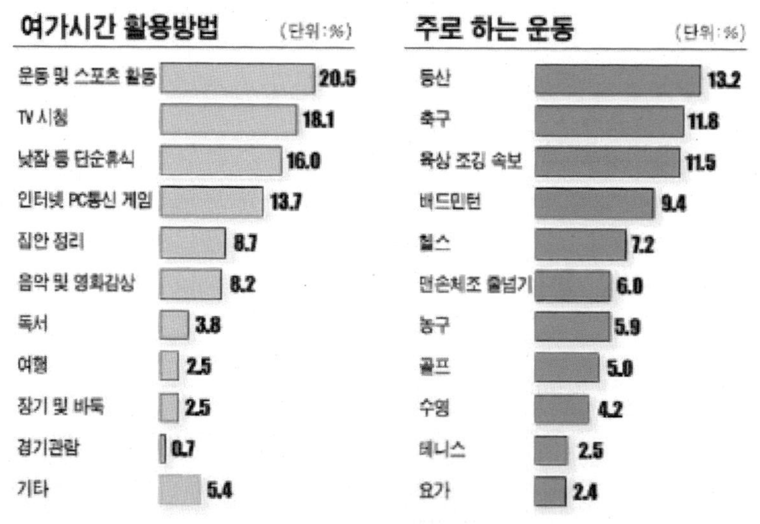

자료 : 문화관광부

인생활의 삼분의 일을 차지하고 있는 여가를 전문적으로 다루는 기구는 없는 것이 우리 정책의 현 주소다. 그나마 현 정부에서 여가를 일부나마 관장하는 정부 기구는 문화체육관광부인데 문화체육관광부의 세부 업무는 문화예술, 체육, 종교, 청소년, 미디어, 문화산업, 관광 등 실로 잡다한 업무들로 구성되어 있다. 관광 측면에서만 보면 이름은 거창한 문화체육관광부지만 실제로 관광 업무는 일개 국에서 다루어지고 있을 뿐이다. 이런 형편의 관광국이 관광의 일부로 여가 업무를 다루고 있는 것은 학문적, 현실적으로 비합리적이고 비현실적이다. 여가의 하위 개념인 관광에서 여가를 포함하고 있는 것은 비합리적이고, 엄청난 수요를 갖고 있는 여가 정책이 일개 국의 부분 업무로 되어 있는 것은 지극히 비현실적인 것이다.

반면에 프랑스, 뉴질랜드, 말레이시아 등의 경우는 여가 수요에 대응하여 전문 기구를 운영하고 있는데 이들 국가에서는 사회적 차원에서 구성원들이 건강한 삶을 영위할 수 있도록 정부의 사회복지 정책에 국민 여가 정책을 포함하고 있다. 미국과 캐나다 역시 주민을 위한 여가시설과 공간의 공급 책임이 연방, 주, 지방 정부의 주요 업무로 되어 있다. 특히 미국에서는 공업화된 도시가 늘어감에 따라 여가 공간과 젊은 노동자들을 위한 여가프로그램이 부족해지자 근로자들의 건강유지 수단으로 레크리에이션 프로그램이 제공되면서 현재는 사회에서 인정해 주는 공공 프로그램으로 자리 잡고 있다.

우리 문화체육관광부도 단계적으로 도입된 주5일 근무제에 맞추어 '주40시간 근무제 대비 여가문화 활성화 대책'을 발표했었다. 이 프로그램의 내용은 생활권내 여가 인프라 조성, 각종 여가 프로그램

개발, 소외계층을 위한 여가 프로그램 마련, 전문 인력 양성, 여가정책 지원 및 연구기능 강화 등의 여가문화 활성화 정책을 포함하고 있다. 그러나 이러한 여가 업무가 범정부 차원에서 효율적으로 추진되기 위해서는 현재의 문화체육관광부 업무 중 문화예술, 문화산업, 종교, 미디어 등 수요가 증대되고 있는 업무들을 묶어 문화부로 독립시키고 관광, 체육, 청소년 업무와 노령화 사회 진입에 따른 노인 여가 문제 등을 여가로 묶어 여가관광부로 개편하여 폭증하고 있는 여가 수요에 적극적으로 대응할 수 있어야 한다. 쾌적하고 충분한 여가 공간의 확보, 자연친화적인 편의시설의 확충과 다양한 정보 제공을 통해 성숙한 여가문화를 정착시켜 나가기 위해서는 전문성을 가진 여가 공급 주체의 역할이 그 어느 때보다도 중요한 시점인 것이다. <2005. 8. 29>

관광정책 기조의 전환

일인당 국민소득 2만 불을 넘기고 주5일 근무가 본격적으로 시작되면서 국민들의 여가에 관한 관심 또한 기하급수적으로 높아지고 있다. 여가에 관심이 높아진다는 것은 사람들의 가치관이 소득에서 삶의 질로 전환되어 가고 있음을 의미하는 것이다. 그러나 현실적으로는 삶의 질을 단순하게 소득 수준의 잣대로만 평가하기는 어렵다. 2만 불 이상을 버는 선진국들 중 이탈리아나 프랑스국민들은 제도적으로 연간 6주 이상의 휴가를 향유할 수 있는데 비해서 미국이나 일본 등은 기껏해야 2주 정도의 휴가를 사용할 수 있는 여가문화를 가지고 있다. 그럼에도 불구하고 사람들은 미국이나 일본이 프랑스나 이탈리아보다 더 잘 살고 있는 것으로 생각한다. 그러나 삶의 질에 있어서도 미국인이나 일본인들이 프랑스인이나 이탈리아인들보다 높다고 주장할 수 있는 사람들은 아마도 양쪽 사회에서의 삶을 같이 경험해 보지 못한 사람들일 것이다.

우리는 춥고 배고프던 1960년대 초부터 관광산업을 국가전략산업으로 지정하여 외화획득의 수단으로 관광산업을 진흥시켜 왔다. 그러나 사회 각 분야가 투명하게 바뀌어 가고 정부의 정책 목표들도 현실에 토대하여 정립되어 가고 있음에도 불구하고 유독 관광에서만은 정부 사업의 홍보성격이 강한 선언적 의미의 숫자를 정책목표를 삼고 있는 현실이 안타까울 뿐이다.

외래 관광객 유치에 있어서 우리가 손쉽게 벤치마킹하고 있는 나라들은 홍콩, 싱가포르 그리고 태국이다. 어찌 보면 우리가 이들 나라들에 비해 경제 분야에서와 마찬가지로 관광에서도 뒤떨어져야 할 이유가 전혀 없어 보인다. 그러나 조금만 자세히 들여다보면 이들 나라들은 관광을 국가생존을 위한 주력 산업으로 육성할 수밖에 없는 여건을 가지고 있는 나라들임을 금방 파악할 수 있다. 우리 정부도 이들 나라와 같은 문제의식을 가지고 정책적 우선순위를 관광산업에 부여하여 집중적인 투자를 한다면 관광 분야에서도 이들을 따라잡는 것은 시간 문제일 것이다. 그러나 이러한 희망은 관광산업 쪽의 공염불로 오랫동안 바쳐져 왔을 뿐이다. 우리나라에는 관광에 우선해야 할 많은 정책 과제들이 산적해 있고 이들 산업들은 투자효율성에 있어서도 비교 우위를 점하고 있는 것으로 정책 당국자들은 판단하고 있는 것이다.

이러한 상황에서 우리나라의 관광산업이 정책적으로 더 이상 외화 획득 산업이 아닌 여가산업으로 육성되어야만 하는 것은 시대적인 요구이다. 비교우위 산업들인 자동차, IT, 전자제품, 영화와 게임 등의 수출로 벌어들인 돈을 여가산업에 투자하여 가능한 많은 우리 국민들이 국내외여행과 여가를 즐기게 함으로써 국민의 삶의 질을 높여가야 할 때인 것이다. 다행히 관광당국도 이러한 문제점을 인식하고 정부의 관광정책목표를 외화획득 일변도에서 국민관광으로의 전환을 추구하고 있는 것은 시의적절한 시도로서 환영받을 만한 일이다. <2004. 8. 2>

여가 인프라와 새 휴가문화

최근에는 주5일 근무 여가 행태와 무관치 않게 출국세 징수와 관련된 에피소드들이 언론에 보도되어 격세지감을 갖게 한다. 한 저명 성직자는 관광목적 여행이 아니라는 이유로 공항 체크아웃 시 출국세 납부를 거부했는가 하면 한 시민 단체는 출국세를 내국인에게만 부과하는 것은 위헌이라면서 헌법소원을 내놓고 있는 상태다. 필자는 이런 에피소드들을 지켜보면서 1990년대 초반 정부가 출국세 징수를 추진하던 당시 언론을 필두로 한 사회 각계각층의 강력한 반발과 입법과정에서의 우여곡절을 생각하면 요즈음의 출국세에 대한 전향적인 에피소드들이 고맙기만 할 뿐이다. 출국세에 관련한 일련의 논란이 출국세를 어떻게 효율적으로 활용하느냐와 징수 대상·방법 등에 관한 문제로 국한되고 있기 때문이다.

출국세에 관해 필자는 시행 추진 당시부터 적극적으로 옹호해온 입장이다. 그것은 징수액의 확대를 포함해서 징수 대상도 여행목적 이나 내·외국인을 불문해야 된다는 것이고 징수 방법도 항공권에 포함시켜 징수에 따른 소비자들의 불편과 불만을 원천적으로 해소시 켜야 한다는 것이다. 필자가 이렇게 출국세에 관해서 전향적인 입장 을 견지하는 이유는 아직까지도 우리나라에서 해외여행을 하는 사람 들은 상대적으로 여유가 있는 사람들이며 이들의 십시일반으로 상대 적으로 혜택이 적거나 없는 사람들에게 기회를 나누어 줄 수 있다고 생각하기 때문이다.

휴가인가, 질곡인가

　　주5일 근무는 피해갈 수 없는 이 시대 우리의 현실이다. 따라서 주5일 근무에 대한 대책은 시행시기와 관계없이 준비되어야 한다. 매년 거듭되고 있는 여름휴가 기간 중의 고속도로 체증은 우리에게 더 이상 낯선 풍경이 아니어서 사람들은 이런 현상을 당연한 것으로 받아들이도록 길들여지고 있다. 휴가 기간 중의 이러한 체증 현상은 우리의 기상조건이 여름휴가를 7월 중순부터 8월 중순까지 단기간에 집중시키는 것이 주인(主因)이지만 그렇다고 그 이유만이 전부는 아니다. 한 여론 조사에 따르면 지난여름 수도권 휴가 인구 중 35%가 동해안 그리고 나머지 휴가자의 30% 이상이 서해안을 다녀온 것으로 나타났고 더욱이 이들 휴가의 대부분은 7월 말과 8월 초에 집중되고 있다. 이 기간 중 사람들로 빼곡하게 들어찬 해수욕장의 모습은 마치 도심의 대형 풀장을 연상시켜 휴가 동기 자체를 좌절시킨다. 더구나 평소 두세 시간이면 닿을 거리를 열 시간 이상의 운전에 시달려 겨우 얻는 것이 사람들로 가득한 지저분한 풀장이라니 기도 안 찰 일이다.

　　여가 정책의 우선은 휴가인구를 분산시키는 데 두어야 한다. 그 대책의 일환으로 휴가 시기 분산을 유도하는 연구가 이루어진 적이 있지만 우리와 같은 기상조건과 휴가문화에서 휴가 분산을 기대하는 것은 쉬운 일이 아니다. 휴가인구를 분산하는 대안 중의 하나는 휴가를 전국 구석구석으로 분산시키는 것이다. 휴가자가 많이 몰리는 인기 휴양지들은 이미 돈 버는 방법을 잘 아는 개인이나 기업들이 개발하여 더 이상 투자할 곳이 없다. 따라서 정부는 돈 되지 않는 곳을 개발해서 휴가자들이 편안하게 머무를 수 있는 공간을 만들어

주어야 한다. 출국세로 조성되는 관광진흥기금도 지금과 같이 영리사업을 운영하는 관광사업자들에게 저리의 융자를 통해 특혜를 베풀 것이 아니라 돈이 되지 않아 아무도 관심을 갖지 않는 곳에 자동차 캠프장 등의 공공성 휴식시설의 조성을 위해 투자되어야 한다. 이런 투자에는 규모가 턱없이 작은 관광진흥기금 외에 정부와 각급 지방자치단체의 과감한 예산 배정이 동반되어야 함은 물론이다.

주5일 근무는 우리 시대 소시민들의 삶을 향상시킬 수 있는 방편이자 권리이다. 프랑스나 이탈리아와 같은 휴가 선진국에서는 결코 목격할 수 없는 여름휴가 고속도로 체증 그리고 인기 해수욕장과 계곡으로만 몰려드는 휴가자들의 질곡을 당국은 언제까지 방치하고만 있을 것인가. <2002. 9. 6>

관광특구 폐지하자

특구제도는 원래 중국에서 시작된 것으로서 중국시장 개방 초기인 1979년 후반 외국자본과 선진 기술의 도입을 위해 광둥성의 선전, 주하이와 푸젠성의 샤먼 등에 경제특구를 설치하면서 중국 경제 발전의 기폭제 역할을 한 제도이다. 중국의 영향으로 북한 역시 나진·선봉지구를 경제특구로 지정, 운영해온 데 이어 근래에는 신의주를 추가로 경제특구로 지정하여 이를 통해 낙후된 북한 경제의 활로를 모색하고 있는 중이다. 북한이 부분적으로나마 경제특구를 지정하여 운영할 수밖에 없는 이유는 체제붕괴를 두려워한 나머지 북한 전체를 전면적으로 개방할 수는 없기 때문이다.

남한 역시 외국자본의 효과적인 유치와 외국기업들의 자유로운 경제활동을 보장하기 위하여 인천 송도 신도시와 광양만에 경제특구를 조성하기로 한 바 있다. 우리 역시 남한 전역을 경제특구로 개방할 수 없는 이유는 외국자본에 시장을 전면적으로 개방할 만큼 아직까지 우리 산업구조가 충분한 경쟁력을 갖추고 있지 못하기 때문이다. 그렇지만 외국기업이 자유롭게 활동하기 가장 좋은 조건은 우리나라 전역을 홍콩이나 싱가포르와 같이 완전한 관세자유 지역으로 조성하여 주는 것이다.

서울올림픽 개최 이후 소비풍조가 우리 사회 전역에 만연하게 되자 정부는 1990년 소득세법 시행령 개정을 통해 관광 관련 업종의 대부분을 소비성 서비스업에 포함시켜 규제하기에 이르렀다. 이로 인해 관광산업이 침체되기 시작하자 관광 관련 당국은 이를 타개할 목적으로 관광진흥법 개정에 의해 관광특구제를 도입하게 되었으며 제도 도입 첫해인 1994년에 제주도, 경주, 속초, 유성, 해운대 등이 최초로 지정된 이래 현재 전국적으로 22개 지역이 관광특구로 지정되어 있다. 제도도입 당시 외국인 관광객을 대상으로 하는 관광업소의 야간 영업시간 제한 해제가 주목적이었던 관광특구는 1999년 이후 영업시간 제한 규정이 공중위생관리법과 식품위생법에서 삭제됨으로써 관광특구 지정의 실질적 효력이 상실되게 되었다. 그러나 정부는 관광특구로 지정된 지역에 대해 국고지원, 관광진흥개발기금 융자의 가산 지원, 사후면세점 지정 그리고 외국인 투자 지역 지정 등의 혜택을 부여하여오다가 현재는 관광진흥기금 가산 지원 이외의 정부지원은 사실상 그 혜택이 없어진 상황이다.

지방자치제가 우리나라에 도입되면서 각급 지방자치단체장들은 지방정부의 재정자립도를 높이고 지역 주민의 고용과 소득을 확대시킬 목적으로 관광사업에 대한 투자를 경쟁적으로 추진해 왔다. 지방자치단체 간의 이러한 경쟁적 투자는 관광과 레저산업의 발전에 일정 부분 기여한 것이 사실이지만 난개발과 지역 간 특성을 무시한 중복 투자로 인해 국토의 균형적 발전이나 지역문화의 정체성을 상실하게 하고 있는 요인이 되고 있기도 하다. 지방자치단체는 그 특성상 지역이기주의에 의해 정책을 수립하고 집행할 수밖에 없는 조직임에도 불구하고 이러한 조직에 의한 관광특구지정은 그 폐해가 불 보듯 뻔히 예상되는 일이다.

관광특구 제도는 그 제도가 시행되던 당시의 효용성을 이미 상실하고 있으며 다른 나라에서도 유례를 찾아볼 수 없는 제도이다. 특히 특구제도는 북한과 같은 폐쇄사회에서 일반 주민과의 격리를 통해서 자본주의의 혜택만을 선별적으로 취하면서 그 체제를 유지해 보겠다는 전체주의적 사고의 상징적 산물인 것이다.

관광특구의 지정과 운용은 어차피 한시적 운명을 타고난 제도이다. 관광산업 발전과 이를 촉진하는 정부의 지원도 이제는 시장의 순기능에 맡겨져야 한다. <2003. 6. 6>

농촌관광의 허와 실

도시화와 산업화가 극단화되면서 도시민들의 노스탤지어 역시 상대적으로 깊어지고 있다. 이러한 트렌드를 반영해 요즈음 농촌관광에 관한 관심 역시 부쩍 늘어 가고 있다. 정부 역시 자유무역협정체결 추진에 따른 개방화의 대세에 따라 그 폐해가 가장 클 것으로 예상되는 농민들의 소득 보전을 위해 농촌관광을 대안으로 제시하고 많은 투자와 노력을 경주해오고 있다. 정부 각 부처와 관련기관의 농촌관광 사업은 녹색농촌체험시범마을, 문화역사마을, 정보화시범마을, 아름마을 가꾸기, 어촌체험마을, 생태우수마을, 전통테마마을, 팜스테이 마을 등 관련 부처의 특성에 따라 다양하게 추진되고 있다. 이들 사업에 선정된 마을에 대해서 정부는 예산, 경영컨설팅, 컴퓨터와 서비스교육 등을 집중적으로 지원하고 있다. 그러나 이런 사업들은 마을의 특성과 자원을 면밀히 분석하여 전국의 마을에 골고루 배분하기보다는 대개 한마을에 여러 사업들이 집중 또는 중복 지원되어 마을단위로 보면 10억 원 이상의 정부지원을 받은 경우가 허다하다. 예산의 비효율적인 배분보다 더 심각한 문제는 농민들의 추진의지와 무관하게 예산이 배정됨으로써 세금의 낭비는 물론 해당 마을들이 소비자들로부터 외면을 받고 있다는 점이다.

농촌관광의 필요성이 강조되고 이에 따라 예산이 투여되는 것은 개방화 추세, 농외 소득의 필요성, 온갖 스트레스에 시달리고 있는 도시 주민에 대한 휴식 제공, 선진 외국의 농촌관광 추세 그리고 심화되고 있는 여행수지 적자 해소를 위해 바람직한 일이 아닐 수 없다. 그러나 정부의 집중적인 투자에 비해 농촌관광의 과실은 밑 빠진 독에 물 붓는 꼴이어서 심각한 문제다.

선진 외국의 경우, 농촌관광이 성공을 거두어 생산자인 농민은 물론 수혜자인 도시주민이 모두 혜택과 만족을 공유하며 번창하고 있는 것과는 사뭇 다른 양상이다. 이탈리아의 농촌관광인 아그리투리스트(agriturist)는 이탈리아 반도 전역에 걸쳐 수천 가구의 농촌관광 회원을 관리하고 있으며, 프랑스의 지트(GITE) 역시 수만 가구의 농민회원들이 누리고 있는 호황 때문에 매년 이천여 가구의 회원들이 추가로 등록하고 있을 정도로 인기가 치솟고 있다. 이웃 일본의 경우도 그린투어리즘이라는 이름으로 매년 천오백만 명의 도시 주민들이 농촌을 찾고 있다.

이렇듯 선진 외국에서 번창하고 있는 농촌관광이 우리나라의 경우 정부의 집중적인 지원에도 불구하고 침체되고 있는 것은 시장을 무시한 투자가 이루어지고 있는데다가 농민들의 농촌관광 추진 의지가 문화적인 이유로 선진 외국에 비해 상대적으로 약하거나 없기 때문인 것으로 풀이된다. 농촌관광마을의 육성과 지원은 농촌관광사업의 자생력 확보가 우선임에도 불구하고 농촌관광마을 선정 때부터 농민들로 하여금 예산 확보와 이를 나누어 쓰는 단맛에 길들여지게 한 결과이다. 이를 극복하기 위해서는 마을 선정 시 마을 리더들의 의지와 역량, 주민 공동체의 역할분담, 그리고 무엇보다도 주민들의 강력한 사업 추진 의지가 최우선적으로 평가되어야 한다. 또한 마을의 입지 여건이 투자 효율을 극대화할 수 있는 자원을 가지고 있어야 함은 물론 마을 주변에 경관자원, 역사·문화자원, 지리적 접근성, 고유의 특산물을 보유하고 있어야만 도시 주민들의 욕구를 충족시킬 수 있다.

농촌관광 성공의 다른 조건은 주민에 대한 실질적인 수익을 보장할 수 있어야 한다는 것이다. 농촌관광의 과실이 개별 농가에 대한 실질적인 수익을 보장하지 않는 한 마을단위의 농촌관광사업 추진과 예산 집행은 결코 자생적인 기반을 마련할 수 없으며 농민들의 자발적인 참여를 기대하는 것 역시 어려운 일이다.

WTO체제와 FTA환경에서 생존을 위협받고 있는 농민의 입장에서 보면 체험상품이나 민박을 이용하여 짭짤한 농외소득을 올릴 수 있는 농촌관광은 관심의 대상이 아닐 수 없다. 그러나 다양하고 적극적인 정부의 지원 사업에도 불구하고 농촌관광 현장에서는 농민들의 전문 지식 결여, 전문 인력의 부족 그리고 서비스 마인드의 부재 등이 단골 메뉴로 지적되고 있다.

그러나 도시민들 역시 농민들로부터 교육된 대접을 받기 위해 농촌을 찾는 것은 아닐 것이다. 따라서 농민들에게 전문지식과 서비스 예절의 습득도 중요하지만 오히려 자신들의 일을 즐기면서 도시민들에게 다가가는 질박함과 순박함을 간직하는 것이 훨씬 더 가치 있는 일이 될 수 있다. 중국 고전에 아는 자(知之者)는 좋아하는 자(好之者)만 못하고 좋아하는 자(好之者)는 즐기는 자(樂之者)만 못하다는 말이 있다. 농촌 체험이 되었든 민박이 되었든 농민 스스로가 즐기면서 이런 즐거움이 도시의 손님에게 전달될 때 손님과 농민 모두가 만족하는 진정한 의미의 농촌관광이 될 수 있을 것이다. <2008. 4. 14>

한미 FTA와 관광산업

다양한 분야에서 한미자유무역협정(FTA)의 파급효과와 영향에 관한 연구와 검토가 이루어졌지만 관광 분야는 최근에서야 관광산업에의 영향분석이 한국관광공사에 의해 수행되어 그 결과가 발표되었다. 이 보고서에 의하면 서비스산업을 포함한 여타 산업에 비해 한미 FTA가 관광산업에 미칠 영향은 상대적으로 덜할 것으로 예측되고 있긴 하지만 미국이 가지고 있는 교역 상대로서의 비중과 역할을 감안한다면 그 중요성을 결코 과소평가해서는 안 될 것이다.

한미FTA체결이 국내 관광산업에 미치는 영향

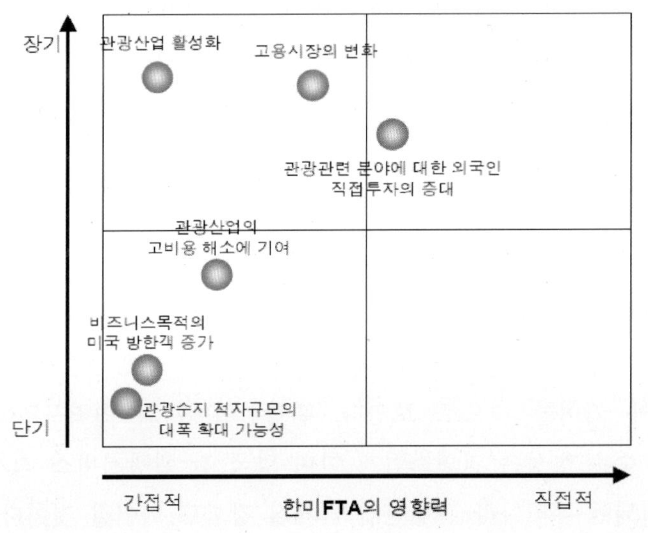

자료 : 한국관광공사

자유무역협정의 핵심은 재화 분야에서 관세의 감면, 축소 그리고 철폐 방식에 합의를 하는 것이지만 서비스산업은 재화와는 달리 눈에 보이는 관세가 존재하지 않음으로 FTA체결 당사국 간 서비스 교류의 장벽을 철폐하는 것도 협상과정에 포함하고 있다. 결국 관광을 포함한 서비스 분야의 장벽 철폐는 국내법 또는 각종 조치로 묶여 있는 해당 서비스 분야를 국내법과 각종 조치로부터 얼마나 자유화시키느냐의 문제로 귀결된다.

관세와 서비스 교류 장벽의 철폐로 압축되는 한미 FTA체결로 미국기업이 국내시장에 파고들 수 있는 서비스 영역은 운수, 창고, 음식, 숙박, 문화, 오락 등 관광 관련과도 밀접한 분야에서의 미국인 직접 투자이다. 구체적으로는 호텔, 외식업, 리조트 분야에서 새로운 투자가 이루어져 국내시장의 잠식과 함께 관광인프라는 물론 관광상품의 질적 향상을 유도하게 될 것으로 예상된다. 또한 관세 인하와 철폐에 따른 수입원자재 가격 등 요소비용의 하락으로 관광산업의 가격 경쟁력이 향상될 수 있을 것이다. 또한 미국인 투자에 있어서 내국민 대우, 최혜국 대우, 이행요건부과금지, 경영진 국적제한금지, 송금보장 등 국제적 수준의 투자자 보호가 가능해져 투자환경의 실질적 개선이 이루어지게 될 것이다. 이러한 투자환경 개선은 노동력의 전문화와 새로운 직종군의 탄생으로 이어져 관광산업의 전문화와 대형화에 기여할 것으로 보인다. 관광산업에서의 인력구조 변화와 서비스 수준 향상은 자연스럽게 한미 양국 간 관광서비스 격차 해소로 귀결되어 우리나라 관광산업의 체질 강화로 이어질 것이다.

한국과 미국이 FTA를 통해 양국 간 무역장벽을 낮추게 되면 여행

장벽도 낮춰지는 것이 순리이며 관광교류의 장애요인인 비자, 외국인 고용, 외국인 투자와 소유제한 등의 제도적 장벽과 함께 항공여행 관련 세금 등의 조세장벽도 낮추어질 전망이다. 다만 한미 FTA에서는 한미 양국 모두 인력이동이 양허되지 않고 있어 노동력과 인력의 급격한 이동은 없을 것으로 예상된다.

하지만 한미양국 간 교역 활성화에 따라 비자면제프로그램(VWP)의 가입이 탄력을 받을 것으로 예상된다. 이 경우 GDP, 교역량 등의 조건이 우리와 비슷한 체코와 포르투갈이 비자면제프로그램 적용 이후 방미관광자의 숫자가 두 배 이상 증가된 전례에 비추어 FTA체결로 미국여행의 접근성이 개선된 한국인의 미국방문도 대폭 늘어날 것으로 예상된다. 실제로 한국관광공사의 보고서는 2010년까지 한국인의 미국방문이 180만 명 이상으로 늘어날 것으로 전망하고 있으며 이에 따라 관광수지 적자 규모 역시 대폭 확대될 것으로 예상하고 있다. 최근 웰빙 트랜드의 영향으로 농촌과 도시에서 똑같이 사랑받고 있는 농촌관광도 한미 FTA로 인해 농촌과 농업기반이 흔들릴 경우 농촌공간이라는 중요한 상품을 잃게 되어 위험에 처할 수도 있음을 경고하고 있기도 하다.

그러나 이와 같은 우려에도 불구하고 관광산업은 한미 FTA 발효로 GDP 성장, 고용창출 그리고 미국인 투자 증대 등의 간접적 영향권에 들어가게 되어 크게 활성화될 것으로 보인다. <2007. 12. 3>

여행업의 건전한 육성과 여행자 권익 보호

　여행업의 건전한 육성과 여행자 권리 보호는 여행업을 규제할 것인가 또는 시장의 자율적인 기능에 맡겨둘 것인가에 관한 대 전제가 된다. 시장의 유통구조가 안정되어 있는 미국이나 유럽 등의 선진국일수록 시장 기능에 맡기고 있고 아직 여행업이 발전단계인 후진국일수록 여행 유통구조가 규제되고 있다. 산업이 선진화되어 갈수록 시장의 자율 기능에 맡기는 것이 이상적이겠지만 소비자들의 피해가 끊임없이 제기되고 있는 우리나라의 경우 규제의 칼날을 접어둘 수만은 없는 것이 우리 여행업계의 현실이다.

　우리 정부도 여행 시장의 환경 변화에 대응하여 관련 법령의 개정을 추진하고 있다. 정부가 법령 개정의 주안점으로 검토하고 있는 것은 크게 여행업의 건전한 육성과 소비자보호로 압축될 수 있는데 여행업 육성과 관련해서는 여행업 범위의 조정과 여행업 분류체계 개선 그리고 소비자보호 방안으로는 여행업 등록기준 및 영업보증보험 합리화, 여행계약의 구성과 표시사항의 구체화, 여행상품의 광고표시 구체화 등을 들 수 있다.

　최근 붐을 이루고 있는 인터넷을 통한 여행상품 판매 확대는 시장의 외연을 확대시키고 있지만 소비자에게는 순기능과 역기능으로 동시에 다가오고 있다. 또한 여행사의 수익구조가 커미션 일변도에서 상담료 징수나 패키지상품의 부가가치 창출 등으로 전환되고 있고 여행정보 판매만으로 수익을 창출하는 새로운 형태의 여행업이 등장하고 있기도 하다. 따라서 이러한 변화에 맞추어 여행업의 범위를 새롭게 정의함으로써 관련 업자와 소비자 모두 법의 보호를 받게 할 필요성이 대두되고 있기 때문이다.

여행업 분류체계를 어떻게 법률에 반영할 것인가는 논란이 많은 분야이다. 여행업의 역할이 다기능화되고 있기 때문에 이에 대한 법률적 반영에는 공감대가 형성되어 있지만 업계의 현실을 어떻게 반영해야 할지에 관해서는 많은 이견이 노출되고 있다. 시장의 현실은 선진국의 예와 같이 도매업과 소매업으로 재편되고 있는 반면 많은 경우 도소매업의 영역을 넘나들며 수익을 창출하는 기업들도 증가되고 있다. 소비자의 욕구와 취향이 다양화되고 업계 역시 이에 따라 전문화되고 있기 때문에 당연한 시장의 흐름이다. 문제는 이러한 유통구조가 순기능만을 갖고 있는 게 아니라는 것인데 이 과정에서 소비자 피해가 가장 많이 발생하고 있기 때문이다.

대표적인 사례로는 인터넷 여행사나 랜드사 등 제도권 밖의 여행업이 성행하고 있어 이에 따른 소비자 문제가 발생할 경우 법적인 규제가 불가능하다는 것과 이들 무자격 업자들의 패키지 모객으로 소비자들이 피해를 당하는 경우 속수무책이라는 것이다. 이러한 문제의 해결 방안의 일환으로 우선 랜드사의 제도권 편입 문제인데 우리나라의 랜드사는 왜곡된 구조로 운영되고 있어 시장에서 장기적으로 정착할 가능성이 높지 않다는 것이다. 그러나 사정이 그렇더라도 일단 제도권에 편입시켜 거래를 양성화시킨 후 시장 변화 추이에 따라 재검토하는 것이 바람직할 것이다. 또한 여행수지 적자를 주도하고 있는 유학원도 여행업의 하나로 편입하는 방안 역시 제도권 편입의 입장에서 전향적인 검토가 있어야 할 것이다.

날로 증대되어 가는 여행 소비자 피해를 줄이기 위한 방법으로 정부는 여행업 등록기준 및 영업보증보험의 합리화, 여행계약의 구성과 표시사항의 구체화, 여행상품의 광고 표시 구체화 등을 법령에 구체적으로 포함하여 소비자 보호를 강화하고자 하고 있다. 이와 관련해서는 여행업의 건전한 육성과 소비자 피해의 최소화의 균형점을 찾아내는 것이 문제해결의 관건이라고 본다.

소비자 문제는 원칙적으로 덤핑에 의해 초래되는 것이기 때문에 적정 가격의 행사를 진행할 수 있도록 유도하거나 규제하는 것도 매우 중요한 과제이다. 덤핑은 시장 기능이기 때문에 법률의 규제에 의해 해결할 수 있는 문제가 아니다. 따라서 덤핑에 관해서는 업계의 자율적인 조정 기능을 부여하여 스스로 제어할 수 있는 장치를 마련해야 한다. 해외여행 인구 천만 명의 시장 규모를 자랑하고 있는 우리 여행업계도 규모에 걸맞은 압력단체를 구성해 업계의 이해를 대변하는 것은 물론 스스로를 규제할 수 있어야 한다. 일본여행업협회(JATA)나 미국여행업협회(ASTA)와 같은 강력한 압력단체 구성의 중요성이 그 어느 때보다 절실하게 요청되는 시점이다. <2007. 10. 1>

지방관광기구 전성시대

이미 정착된 지방자치제와 참여정부 국가균형발전전략의 영향으로 관광산업을 지역 살림을 지탱할 중요 산업으로 인식하고 있는 지방자치단체들은 관광객 유치를 위한 마케팅활동을 경쟁적으로 전개해

오고 있다. 이에 따라 관광 마케팅을 적극적으로 뒷받침하기 위한 관광전담기구의 필요성도 강력히 대두되어 경기, 인천, 제주, 서울, 강원 등이 지방관광공사를 설립·운영하고 있거나 설립을 추진하고 있다. 이와 함께 컨벤션, 전시회 등 MICE산업에 대한 선거 차원의 전술적 가치를 잘 인식하고 있는 단체장들이 컨벤션센터와 컨벤션뷰로도 경쟁적으로 설립·운영하고 있는 실정이다.

하지만 각 지방자치단체 당국, 관광협회, 컨벤션뷰로 그리고 지방관광공사 등은 당초 취지와는 달리 관광 마케팅을 효율적으로 수행하기는커녕 예산과 업무의 중복, 전문 인력의 부족으로 관광기구들 간의 갈등만 증폭시키고 있는 경우가 허다하다. 2002년에 설립된 경기관광공사는 2005년에만 6억 원의 적자를 내는 등 설립 이후 수십억 원의 누적 적자를 내고 있으며 2005년 말에 설립된 인천관광공사도 당초 2006년 22억 원의 예산을 책정했으나 재원을 확보하지 못해 업무에 차질을 빗고 있는 실정이다.

근래 설립되었거나 설립 추진 중에 있는 서울관광공사와 제주관광공사의 경우, 국가관광진흥을 목적으로 설립된 한국관광공사와 지역관광협회, 컨벤션뷰로 등과 업무가 중복되는 경우가 많고 기왕에 운영 중인 인천시와 경기도 산하의 관광공사가 만성적 적자에 시달리는 상황이어서 중복 투자와 예산 낭비라는 지적이 나오고 있다. 특히 제주의 경우는 제주관광공사 설립을 앞두고 제주도 당국과 제주관광협회, 컨벤션뷰로 간의 갈등이 심화되고 있는 양상이다.

각 지역 관광기구들 간의 갈등을 최소화하고 관광목적지 마케팅의 효율적인 추진을 위해서는 한국관광공사와 지방관광공사, 관광협회,

컨벤션뷰로 간의 협력 및 전략적 제휴가 절실하게 요구되고 있다. 이를 위해서는 한국관광공사와 지방관광기구 간의 역할 분담이 명확히 이루어져, 예산의 중복 투자나 인력 운영상의 낭비를 최소화할 수 있어야 하며 각자의 역할을 정확하게 인식하고 서로 협력할 때 시너지 효과를 기대할 수 있을 것이다.

지방관광기구 간의 갈등과 업무·예산의 중복을 최소화하는 방안의 하나로 컨벤션센터와 컨벤션뷰로를 공기업인 지방관광공사가 통합·관리하는 방안도 검토해 볼 수 있다. 인천관광공사 내부 조직인 컨벤션뷰로에 의해 운영될 예정인 송도 신도시 컨벤션센터가 그 좋은 사례이다. 대부분의 컨벤션센터가 막대한 공적 투자자금이 투여되어 설립·운영되고 있는 만큼 공기업으로 전환하여 경영평가를 받을 필요가 있으며, 규모의 경제를 실현할 수 있는 방법이기도 하다. 따라서 광역자치단체 중 지역관광공사를 아직 설립하지 않은 서울시와 부산시의 경우 현행 사단법인 형태로 운영되고 있는 서울컨벤션뷰로와 부산컨벤션뷰로의 기능과 역할을 당해 지역 관광공사로 이관하는 것을 적극적으로 검토해 보아야 한다.

지방관광기구 간의 갈등 관리도 매우 중요한 이슈로 제기되고 있다. 제주도의 경우 제주관광공사의 설립이 가시화되면서 제주 컨벤션뷰로와 민간 조직인 제주도관광협회와의 갈등이 첨예하게 대두되고 있다. 이를 해소하기 위해서는 기능이 중복되는 제주관광공사와 제주컨벤션뷰로의 통합이 적극적으로 검토되어야 할 것이며, 제주도관광협회는 회원 관광사업체 이익을 대변하고 제주관광공사의 마케팅을 지원하는 것으로 그 기능이 조정되어야 할 것이다.

　　최근 광역단체외의 지방자치단체도 지역 관광 진흥을 전담할 지방 관광공사의 설립을 검토하고 있는 것으로 알려지고 있는데 적자운영과 부실경영이 우려되는 지방공사의 설립은 자제되어야 한다. 수년째 관광공사 설립을 추진하다가 적자경영 구조를 극복할 묘안이 없어 무산된 강원도의 예를 타산지석으로 삼아야 한다.

　　적자 운영으로 어려움을 겪고 있는 기존 지역관광 전담기구들도 타 지역 관광기구들의 역할과 기능을 단순히 벤치마킹하는 하는 수준이 아니라 지역 주민의 정서와 지역산업의 특성을 고려한 차별화된 모습으로 거듭날 때만이 생존, 발전할 수 있음을 명심해야 할 것이다. <2007. 6. 4>

일본과의 관광역조 특단의 대책이 필요하다

　　안(安), 근(近), 단(短) ― 일본 사람들의 해외여행 패턴을 표현하는 상징적인 말이다. 일본 사람들이 해외여행을 할 때 편리하고, 가깝고, 짧은 시간의 거리를 선호한다는 데에서 나온 말이다. 그래서 과거 수십 년 동안 일본은 우리에게 가장 큰 관광객 송출 시장이었다. 그러나 이런 여행 패턴에 반전을 가져올 엄청난 사건이 벌어졌다. 2004년 한 해 동안 일본인의 한국 방문은 2005년 대비 4%가 감소한 230여만 명에 머문 반면, 일본을 방문한 우리나라 사람들이 사상 처음으로 200만 명을 돌파하여 211만 7천 명을 기록한 것이다. 숫자로만 봐서는 아직 한일 간 관광 수지가 역조까지 간 것은 아니지만 한일 양국의 인구 비율로 보면 엄청난 변화이자 사건인 셈이다. 일본 엔화의 약세와 일본 방문비자 면제 그리고 우리나라 사람들 특유의 방랑벽이 가져온 결과이다.

주말을 이용해 김포공항에서 출발하는 아시아나를 이용해 2박3일 간 일정으로 도쿄를 방문한 필자에게도 도쿄의 물가는 서울의 그것에 비해 그다지 비싼 느낌이 아니었음은 물론 어떤 경우는 서울보다 싸기까지 했다. 일례로 필자가 묵은 숙소는 도쿄 신주쿠(新宿) 외곽 시오도메역 근처의 유명한 화장품회사 시세이도 본사 건물과 주상 복합 형태로 지어진 로얄파크 시오도메 타워 호텔로서 일인당 하룻밤 숙박료가 15,000엔에 불과하였다. 신주쿠 외곽이긴 하지만 재개발로 새로이 조성된 화려한 단지이고 호텔 등급도 초특급인 데다 걸어서 웬만한 도쿄 도심을 관광할 수 있는 점을 감안한다면 결코 비싼 가격이라고 할 수 없다.

호텔에 도착하자마자 호텔 인근 식당에서 간단한 점심으로 라면을 먹었는데 790엔, 즉 우리 돈 6,500원이어서 환율기준으로 친다면 상대적으로 싼 가격에 또 한 번 놀랐다. 이튿날 아침은 도심 뒷골목의 허름한 식당에서 고기덮밥을 먹었는데 550엔에 불과해 웬만한 우리 음식 가격인 5천 원에 비해 오히려 싼 편이다. 더욱 놀란 것은 시내 관광 중 원두 커피집에 들렀더니 200엔, 즉 1,600여 원 정도여서 8~9배의 환율은 고사하고 절대 가격만으로도 서울의 커피 값보다 싼 것이었다. 일본 물가에 대한 일련의 충격은 이튿날 하코네의 한 골프장에서 그린피를 계산하며 극도에 달했다. 캐디피와 점심을 포함해서 50여 년 된 명문 골프장의 정규 18홀 그린피가 15,000엔으로 좀 과장한다면 서울의 퍼블릭 골프장 수준에 불과했기 때문이다.

전 세계의 물가를 비교할 때 맥도날드 햄버거 가격을 기준으로 하는 빅맥지수가 많이 활용되고 있는데 생활비나 여행비용을 피부로 느낄 수 있는 가장 현실적인 방법이기 때문이다. 도쿄시내에서 우리나라에선

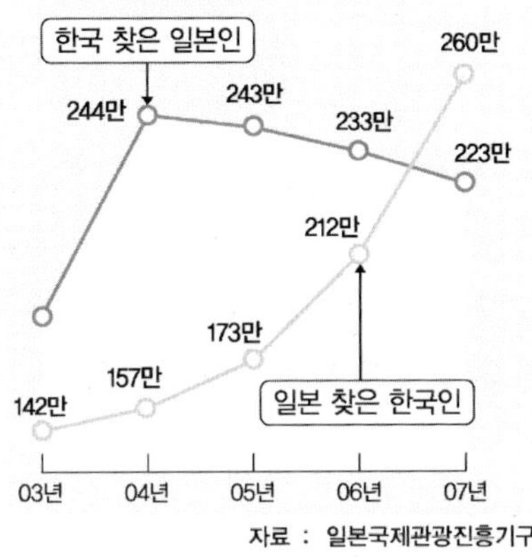

아직 판매되지 않는 메뉴인 메가맥-크기가 빅맥보다 더 큰 햄버거로 메가맥 안에는 무려 4겹의 고기가 들어 있다-을 시켰는데 3,000원이 채 안 된다. 우리나라에선 빅맥 가격이 4천 원 정도 하니 환율을 감안한다면 엄청나게 싼 가격이 아닐 수 없다. 맥도날드에서 판매하는 원두커피 한 잔 역시 100엔에 불과해서 우리나라 맥도날드 커피 값인 2,000원의 절반 수준밖에 되지 않는 가격이다. 사정이 이러하니 200만이 넘는 한국인이 지난 한 해 일본으로 몰려들 수밖에. 일본인의 여행패턴 대명사인 안(安), 근(近), 단(短)이 거꾸로 일본 방문 한국 여행자들에게 적용되고 있는 것이다.

한일 간 관광 역조와 관련하여 우리를 우려하게 하는 것은 방한 일본 관광객이 2004년 244만 3천 명, 2005년 244만 명 그리고 2006년의 경우 233만 9천 명 등으로 그 숫자가 매년 줄어들고 있는 것이다. 반면에 우리나라 사람들의 일본 방문은 2006년의 경우 20%

가까운 성장을 기록하고 있어 이대로의 추세라면 2007년 말을 기점으로 한일 간 관광객 교류 절대 숫자마저 역전될 판국이다. 일본 정부는 이런 호기를 놓치지 않고 지난해 말 한국의 주요 일간지에 방일 관광객 200만 돌파를 기념하는 아베 총리 부부의 감사 메시지를 게재함으로써 우리나라 관광자들의 방일을 적극 독려하고 있다.

일본 관광송출시장은 전통적으로 우리의 제1송출 시장이었고 일본 시장의 잠재성과 근접성 때문에 그 중요성을 아무리 강조해도 지나치지 않을 것이다. 대통령이 나서던 우리의 관광 유치 예산 전액을 전략적으로 일본에 집중시키던 그 방법을 불문하고 특단의 대책을 세워야 할 시점이다. <2007. 4. 9>

황금알 시장 선점 경쟁

의료관광이 새로운 고부가 관광상품으로 떠오르고 있다. 우리나라도 한류스타들을 닮고자 하는 일본, 중국, 동남아국가들의 젊은 여성들이 동경하는 성형수술의 메카로 떠오르고 있지만 이보다 훨씬 먼저 의료관광에 눈독을 들이고 있는 나라들은 의료기술이나 수가에 있어 경쟁력이 있는 태국, 싱가포르, 중국, 말레이시아 등이다.

싱가포르는 싱가포르의 선진화된 의료체계와 서비스를 홍보하기 위해 싱가포르관광청, 경제개발위원회, 무역개발국의 3개 기관이 공동으로 싱가포르 메디신(Singapore Medicine)이라는 복합 에이전시를 구성하여 의료 분야에 대한 신규투자촉진, 의료산업 확대, 해외에 대한 의료마케팅, 싱가포르 의료 관련 종사자들의 해외 진출활동 지원 등의 사업을 전개해 나가고 있다.

이 기관에 '건강관리(Health Care)'를 하나의 부서로 신설하여 외국인 환자를 유치하는 병원에 대해 대폭적인 지원과 싱가포르의 의료시스템과 각 여행사를 연계한 '건강여행 패키지' 등의 상품 개발을 지원하고 있다.

싱가포르 정부 역시 '사이언스 프로젝트'를 통해 미국 존스홉킨스 의대 연구소와 머크, 릴리 등 세계 굴지의 다국적 제약회사의 리서치센터를 유치, 복합생명과학단지를 조성 중이며 매해 14억 원가량의 예산을 들여 해외 의료 서비스 홍보에 투자할 계획이다.

싱가포르는 의료관광의 효율적인 추진을 위해 민간병원에 대한 영리법인화와 주식상장이 가능토록 하여 자유로운 마케팅 활동을 허용하고 있다. 이 밖에 환자 가족을 위한 아파트 임대, 환자 및 가족 전용 비즈니스 센터 운영 등 호텔 수준의 서비스를 제공하여 유럽과 중동의 대부호와 왕족을 위한 특급 진료실을 운영하는 등 '귀족 마케팅'을 시행하고 있다.

태국은 외래관광객의 40%를 의료관광객으로 보고 있으며, 관광과 의료서비스를 연계하는 의료관광을 차세대 국가 핵심사업으로 선정하고 이를 집중 육성하고 있

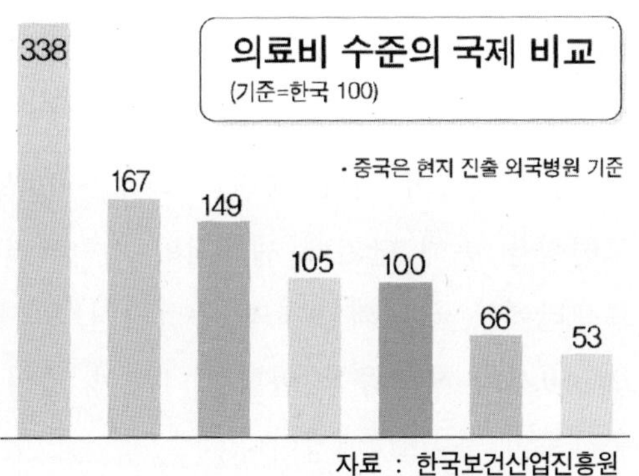

다. 태국 병원들은 푸켓 등 휴양지와 연계하여 외국인 환자를 유치하고 있다. 의료 관광 수입 규모는 매년 10% 이상 성장하고 있으며 태국의 병원들 역시 영리법인이 허용되어 주식 상장이 가능하며 12개 의료 관련 상장 기업들로 구성된 의료서비스 주가 지수의 상승률은 전체 주가상승률의 2배를 상회하고 있다.

인도는 의료관광을 위해 인도를 찾는 여행객이 매년 15%씩 증가할 것으로 예상하고 있는데 인도산업연맹과 Mackinsey의 공동보고서는 인도의 의료관광 수입이 2012년에 22억 달러(약 2조 5080억 원)에 달할 것이라고 평가하고 있다. 인도는 뛰어난 의료진이 풍부한 반면, 의료비는 선진국에 비해 절반 정도 수준이기 때문으로 의료관광 산업이 조만간 인도의 소프트웨어 산업을 따라잡을 것으로 전망되고 있다.

중국은 여의도의 4배 정도인 348만 평 규모의 상해 국제 의료 특구(SIMZ)를 지정하고 2007년까지 1천 병상 규모의 외국병원 두 곳과 다수의 전문병원, 그리고 국제적인 의과대학 유치를 목표로 하고 있다. 이곳에는 국제 재활센터를 비롯하여 다수의 연구단지와 의료기기 단지도 건설할 예정이다. 하버드와 존스홉킨스 등 미국 유수의 의과 대학과 유치협상을 벌이고 있으며, 독일의 하노버 의대 부속병원 유치를 위한 협상이 진행 중이고 지멘스社와는 계약 체결 단계에 와 있다. 이 밖에 병원과 의대가 밀집되어 있는 펑린 지역의 리모델링을 통해 단기에 세계적인 의학센터를 조성할 계획인데 펑린의료센터에는 국내외 9개의 종합병원, 90개의 전문병원, 20개의 연구소, 30개의 생명공학 실험실, 100여 개의 생명과학 관련 무역회사나 공장들이 들어설 예정이다.

말레이시아 병원들은 의료와 골프 관광을 연계한 여행상품을 판매하고 있는데 건강검진 및 수술을 목적으로 입국한 외국인이 10만 2천 명에 달하고 있다. 말레이시아 정부 역시 병원들의 의료 서비스 홍보활동을 법적으로 허용하여 적극적인 마케팅을 지원하고 있으며 북아프리카와 중동 지역 박람회에 참여하여 말레이시아의 의료관광 홍보에 직접 나서고 있다.

중동 지역의 의료 허브를 지향하고 있는 두바이는 총 18억 달러의 비용을 들여 2010년까지 Health Care City를 건설할 계획인데 이곳에는 의료서비스는 물론 의료교육, 생명과학 연구와 기술 개발 등을 지원하기 위해 Academic Medical Center, Medical Cluster, Wellness Cluster를 조성할 계획이다.

남아프리카 공화국은 성형수술과 사파리투어를 묶은 패키지 상품 Surgery & Safari Tour를 인터넷 사이트를 통해 판매하여 유럽과 미주 등지에서 좋은 반응을 얻고 있다.

경쟁국들은 의료관광의 고부가가치에 주목하여 엄청난 투자에 혈안이 되어 있는데 우리는 이런 황금시장을 곁에 두고 강 건너 불구경만 하고 있는 것 같아 안타까운 마음이다. <2006. 12. 11>

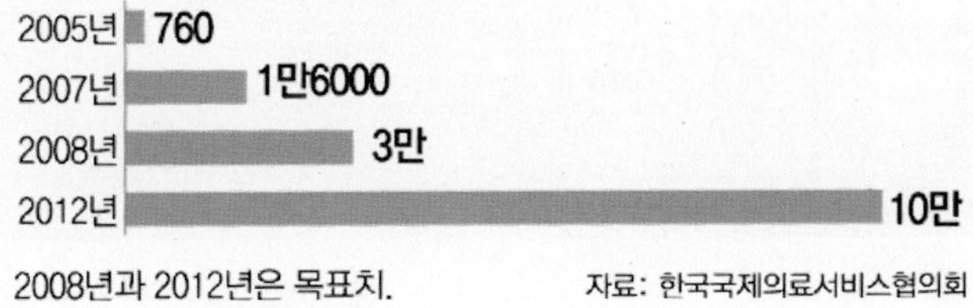

200만의 북한 난민이 몰려오는 경우

규모가 크지도 않은 한반도는 그나마 155마일 철책선으로 허리가 끊겨 있어 현실적으로 보면 섬이나 진배없다. 반세기 이상의 강제적 보존으로 온갖 식물과 동물의 보고로 알려져 있는 비무장지대는 평화공원으로의 개발이 주창되어 왔지만 실상은 온통 지뢰 천지여서 세계에서 가장 위험한 곳이다. 더욱이 남북을 가로막고 있는 지뢰밭보다 더 큰 폭발력을 가지고 우리를 위협하고 있는 것은 북한 정권 붕괴 시 밀려들어 오게 될 북한 주민들이다.

이 다리를 평화롭게 건널 날은 언제인가

외환위기 시 단지 몇 만 명의 노숙자들만으로 우리 경제가 휘청거린 적이 있으며 또한 동서독 사례를 통해 통일비용의 엄청난 규모와 이 비용이 우리 경제에 미치게 될 부담에 관한 교훈을 우리는 이미 가지고 있다. 그렇다고 이런 부담들이 두려워 만약의 경우 38선을 통해 쏟아져 밀려올 북한 주민들을 강제로 제지할 방법을 찾기는 쉽지 않을 것이다.

따라서 이런 최악의 상황을 막는 최선의 방법은 불행한 일이 발생하지 않도록 사전에 예방하는 것인데 이런 역할을 충실히 수행하고 있는 사업이 바로 금강산관광으로 상징되는 남북관광교류이다.

지난 50여 년 동안 군사력 중심의 전쟁 억지 전략에 바탕을 둔 대북 봉쇄압박강경 정책은 전쟁을 억지하는 효과도 있었지만 북한의 계속된 도발 행위로 남북한의 정치, 군사적 충돌과 대결이 끊이지 않으면서 한반도의 긴장을 유지, 고조시켜 평화와 안정 증진에 실질적으로 기여하지는 못하였다. 따라서 실효성 없이 실패로 검증된 대북봉쇄압박 정책보다는 화해 협력에 바탕을 둔 대북포용정책을 통해 북한 스스로 변화할 수 있는 여건과 환경을 적극 조성해 나가면서 북한의 대남 자세와 정책의 점진적 변화를 유도해 나가는 것이 실질적인 평화 증진과 남북 관계 개선의 첩경이자 현실적 대안이라고 본다.

남북관광교류는 1989년에 현대그룹의 고 정주영 회장이 처음 북한을 방문하여 북측과 '금강산관광 및 시베리아공동개발의정서'를 체결하면서 물꼬를 튼 후 1998년 6월 정 회장이 소떼들을 이끌고 판문점을 경유, 북한을 방문한 것을 기폭제로 하여 같은 해 11월 금강산 관광의 뱃길이 열리면서 첫 결실을 맺었다. 이후 우여곡절 끝에 2003년 9월에는 금강산 육로관광이 본격적으로 시행되면서 분단 50년 만에 해로관광에 이어 육로관광 길까지 열림으로써 남북한 직교역 체제와 통행, 통상, 통신의 3행을 촉진시키는 계기가 되었다.

남북관광교류는 그동안 정치, 군사적 사건으로 인한 남북당국자 간 대화의 단절 속에서도 남북 간 긴장완화와 통일의 길잡이 역할을 계속해왔음을 아무도 부인할 수는 없을 것이다. 그동안 추진되어온 남북관광교류는 정치적으로는 남북 간의 신뢰 구축과 평화적 통일 기반 조성 그리고 인적, 물적 교류 확대를 통한 남북한 간의 이질성 극복과 동질성 회복을 통한 남북한 서로 바로 알기에 기여해 왔다. 경제적으로는 경협 확대 과정에서의 상호 신뢰감 형성으로 한반도 내 정치·군사적 안정에 기여하였고 특히 민간 차원의 경협은 경협 확대와 이의 성사를 위한 제도 개선을 통한 북한 경제의 활성화를 이끌어 향후 통일 비용의 절감 효과를 가져온 것은 물론 한반도 안정으로 외국인 투자 유치 확대에도 기여하였다.

실질적 섬인 한반도 관광 측면에서도 트랜스시베리아철도(TSR) 13,000㎞와 중국대륙을 관통하는 TCR 9,000㎞가 북한 땅를 경유하여 유럽까지 연결되면 한반도는 더 이상 섬으로 고립되지 않아도 될 것이며 유럽까지의 수송에서도 기존의 해상 수송거리인 19,000㎞를 크게 단축시킬 수 있게 되어 물류비용 역시 대폭 줄일 수 있게 된다.

남북 관광교류의 이러한 순기능에도 불구하고 이 사업은 대북포용 정책에 대한 북한의 그릇된 대응에 따른 북한 문제의 해결 지연과 대북 지원 논란과 관련된 국민 여론의 악화로 어려움을 겪고 있다. 따라서 햇볕 정책으로 불리는 대북포용정책을 비난하기 위한 수단의 하나로 남북관광교류의 의미를 폄하하는 잘못된 것이며, 정부 역시 정책의 일관성을 확고히 견지하면서 여론 형성을 적극적으로 주도해 나갈 책임이 있다.

우리가 원하는 것은 돈을 쓰고 갈 관광객이지 떼거지로 몰려와 우리 경제를 혼란에 빠지게 할 수백만의 난민들이 아니다. 이런 속수무책의 상황이 생기지 않도록 예방하는 것이 남북관광교류사업의 진짜 속내임을 직시하여야만 한다. <2006. 10. 2>

중국어가이드 의무 고용 부활해야

세계관광기구(WTO)의 예측에 따르면 2020년까지 중국은 세계 최대 관광목적지로 부상하면서 여행자 송출 규모에 있어서도 세계 상위 5개국 이내에 진입할 것이라고 한다.

중국과 같은 거대 관광시장을 이웃에 두게 되는 우리로서도 행운이 아닐 수 없다. 역내(域內) 위주로 이동이 이루어지는 관광의 속성상 거대 중국관광시장의 혜택을 가장 많이 받게 될 나라는 당연히 우리나라일 것이기 때문이다.

실제로 최근 수년간 우리나라를 방문하는 중국인 관광객은 이러한 추세를 반영, 두 자리 수의 성장을 시현하고 있어 중국인 관광객 유치에 밝은 전망을 보여주고 있다.

그러나 방한 중국인 시장의 속내를 자세히 들여다보면 사정은 상식적인 예상과는 전혀 다르다는 것을 금방 알 수 있다.

방한 중국 관광상품은 치열한 경쟁 때문에 덤핑판매가 성행해온 지 이미 오래고 관련 업계는 이러한 덤핑손실을 쇼핑커미션으로 보전해오는 악순환을 되풀이 해오고 있다.

싸구려 상품으로 방한한 중국인 관광객을 수용하는 숙박시설과 식사 역시 부실할 수밖에 없어 한 번 방한 경험이 있는 중국인 관광객이 한국으로 다시 발길을 주지 않는 것은 물론, 이들의 악선전으로 인해 확대 재생산되어야 하는 중국 관광시장이 그 내용상으로는 오히려 축소되고 있는 실정인 것이다.

중국 인바운드 시장이 이토록 열악하게 반전되고 이유는 여러 요인이 있겠으나 차이나타운 하나 없는 우리의 배타성과 중국인을 떼놈이라며 멸시해온 우리의 문화적 배경에서 비롯되었다고 본다.

문제를 더욱 심각하게 만들고 있는 것은 이러한 우리 문화 속에서 오랫동안 냉대를 받아와 한국인과 한국 문화에 대해 왜곡된 감정을 가지고 있는 화교들에 의해 방한 중국인 시장이 장악되고 있다는 것이다.

가격 구조가 열악해 정당한 대우를 해 주고 있지 못한 터에 방한 랜드 시장마저 화교들에 의해 왜곡되고 있으니 방한 중국인 시장의 현재는 물론 장래가 심히 우려되고 있는 것이다.

시장구조가 열악하면 정부에서 이를 방임하지 말고 적극적으로 개입하여 개선을 유도해야 한다.

여러 가지 인센티브를 제공함으로써 중국관광상품의 고급화를 유도해 나가는 것도 물론 시급한 일이지만 화교들에 의해 왜곡되고 있는 랜드 시장을 반드시 시정하지 않는 한 중국관광시장에 대한 장밋

빛 기대는 물거품이 될 것임을 명심해야만 한다.

왜곡된 시장을 바로잡는 일은 방한 중국인 여행자들에게 직접적인 영향을 끼치고 있는 중국어 통역 가이드의 역할을 바로 세우는 것으로부터 시작되어야 한다.

관광진흥법의 개정으로, 왜곡된 문화배경을 가지고 있는 화교 및 중국동포 무자격 가이드들의 고용에 의해 흐려지고 있는 시장 질서를 바로잡기 위해서는 통역안내원 자격시험 합격자 고용을 권고하기만 할 수 있는 관련 법조항을 시급히 정비하여야 한다.

현재 방기되다시피 한 2500명에 달하는 중국어 통역안내원 자격증 소지자들을 의무적으로 고용하도록 하는 것은 왜곡된 방한 중국관광시장을 바로잡아 나가는 단초가 될 수 있을 것이다. <2003. 5. 2>

관광을 활용한 빈곤퇴치 프로젝트의 역설

유엔 산하의 세계관광기구(UNWTO)는 지속가능한 관광개발을 통한 제3세계 국가들의 빈곤 극복 프로그램인 ST-EP 프로젝트를 추진해오고 있다. ST-EP는 '빈곤 퇴치 지속가능 관광(sustainable tourism eliminating poverty)'의 이니셜이다. 이 프로그램의 핵심은 관광 개발을 통한 주민의 고용과 소득의 창출이며 이집트, 가나 등 아프리카의 빈곤국과 인도네시아, 파키스탄 등 아시아의 개발도상국들을 주요 대상으로 하고 있다.

이미 알려진 바와 같이 관광은 국제사회에서 평화, 상호 이해, 협력, 하모니, 관용 등을 상징하는 대명사이지만 이보다 더 절실한 것은 제3세계의 빈곤을 완화하거나 퇴치하기 위한 수단으로서의 관광 개발의 역할이다.

5월 말 전국적으로 지방자치단체장과 기초 및 광역 의원을 선출하는 선거가 있었다. 한나라당의 싹쓸이로 결판난 이번 선거 결과는 풀뿌리 민생을 돌보지 않는 위정자의 개혁과 정의는 허구에 불과하다는 것을 극명하게 보여준 사례다. 이런 절실한 상황의 선거판에서 당선된 지방자치단체장들이 공통적으로 추구하는 특징의 하나는 지방자치단체장들이 스스로를 정치인이라기보다는 기업의 CEO 역할을 자임하고 있다는 것이다. 이러한 상황에서 지방자치단체장은 더 이상 군이나 시의 수장으로 군림할 수만은 없게 된 것이다.

치열한 선거 과정을 통해 당선자들은 주민들을 위한 고용과 수익의 창출만이 유권자의 니즈를 충족시킬 수 있고 향후 4년의 재임 기간 중 이러한 업적을 통해서만 차기 선거에서 정당한 평가를 받아 재선에 성공할 수 있다는 것을 누구보다도 잘 알고 있다. 그래서 각급 지방자치단체장들은 너나 할 것 없이 주민 소득 창출과 지방자치단체의 재정 자립에 기여할 수 있는 수단으로 기업과 주민의 유치, FTA라는 거스를 수 없는 거대한 물결 속에서 최근 그 입지를 급격히 잃어가고 있는 지역 농수산물의 판로 확보 그리고 관광 개발을 정책의 최우선 과제로 삼고 있다.

기초단체로서는 드물게 강화도는 새로 당선된 군수가 전문가 집단의 인수위원회를 구성하고 군정의 활로를 적극적으로 모색하고 있다. 선사시대의 유물인 고인돌부터 20세기 말의 개국과정에 이르는 역사 문화유적이 섬 곳곳에 산재해 있어 관광지로만 알려져 있는 강화도는 우리나라 기초단체가 갖고 있는 모든 문제를 공유하고 있다. 서울 도심에서 불과 한 시간여 거리에 위치해 있으면서도 수백만 평의 유기농 단지를 포함해 주민의 절반이 농업에 종사하고 있고 세계 5대 규모라는 광활한 면적의 갯벌을 소유하고 있다. 한강 하구를 경계로 북의 개풍·연백과 육안으로 대치하고 있어 인위적으로 구획된 군사시설 보호 구역으로 대표되는 개발제한 때문에 주민들의 재산권 침해가 이만저만이 아닌 상황이기도 하다.

이 같은 주민의 불편과 개발 욕구가 새로 당선된 단체장의 재선 의지와 강하게 맞아떨어지는 경우 보존보다는 개발 유혹에 의해 천혜의 환경을 해칠 우려가 강하게 제기되고 있다. 우선 먹기는 곶감이 달다고 강화도를 수도권 신도시의 하나와 같이 아파트와 공장들이 밀집하는 주거와 산업단지로 개발한다면 강화의 정체성은 그 빛을 잃을 수밖에 없다.

강화도는 섬답게 쾌적한 환경이 보존되는 개발이 병행될 때만이 지속가능한 경쟁력을 확보할 수 있으며 2천만 수도권 시민들을 영원한 시장으로 확보할 수 있는 길임을 명심해야 한다. 임기제 단체장들이 주민들의 수익 창출을 내세워 단기적인 과실에 집착하다가 황금알을 낳는 거위를 잡아먹는 우를 범해서는 안 될 것이다. <2006. 6.29>

월드컵과 글로컬리제이션

한 나라의 경제나 많은 사람들의 관심사인 부동산 시장은 일정한 주기를 가지고 도약하는 시점이 있다. 우리나라가 해외에 알려지게 되는 계기도 마찬가지다. 수천 년의 역사를 자랑하는 우리나라지만 구한말 개항 이전까지의 한국은 숨겨진 나라였다. 그러나 우리나라가 세계에 본격적으로 알려지게 된 것은 불행하게도 1950년의 한국 전쟁이 계기가 되었었다. 이후 독재 정권과 학생·군사 혁명 등의 부정적인 면으로만 세계에 알려지던 우리나라가 88 서울 올림픽을 계기로 진정한 의미에서 지구촌 곳곳에 알려지게 되었었다. 88올림픽을 사이에 두고 앞뒤로 미국에 체류한 경험이 있는 필자는 88올림픽이 우리나라를 해외에 알리는 데 얼마나 큰 역할을 하였는지 절실히 체험한 바 있다. 올림픽 전에는 우리를 보고 중국인, 일본인으로만 단정하던 미국인들이 서울 올림픽 이후 한국 사람을 따로 인식하게 되었기 때문이다.

국영방송의 국민 프로그램인 전국노래자랑 21주년 기념 방송을 본적이 있다. 그 기념 방송은 과거 20여 년간 우리 사회의 시대별 변화 상황을 파노라마처럼 보여주었다. 그 프로그램에서 보여준 시대별 변화 모습을 보면서 우리 민족 특유의 낙천적인 성격은 예나 지금이나 변함이 없다는 것을 느낀 반면 복식이나 헤어스타일 등의 겉모습은 지난 20여 년 동안 크게 변화해왔음을 느꼈다. 특히 헤어스타일이나 복식의 패션이 올림픽을 기점으로 해서 세련된 현대적 감각으로 변화한 것이 변화의 핵심이었다. 이것은 바로 88서울 올림픽을 기점으로 해서 우리나라가 하드웨어 측면에서 엄청난 변화를 가져왔음을 말해 주고 있다. 그것은 비단 패션뿐만 아니라 의식주 모든 면에서의 변화를 의미한다. 아마도 공중화장실의 외형적인 변화는 올림픽 개최 이후 우리 사회의 변화를 대표하는 사례가 아닐까 생각한다. 그러나 미국과 유럽 선진국에서 다년간 체류한 필자의 경험에 비추어 볼 때 삶의 질의 향상이나 시민 의식의 제고는 결코 단기간에 이룰 수 있는 과제가 아니라고 생각한다.

우리나라는 월드컵 개최를 통해서 올림픽 개최 후 불과 15년 만에 또 다른 도약의 계기를 맞게 되었다. 이번 기회는 하드웨어 측면에서의 기회가 아니라 소프트웨어 측면에서의 계기로 우리나라가 명실상부하게 선진국으로 도약하는 계기가 될 수 있어야 한다. 이미 우리는 그 증후로서 프랑스의 세계적인 배우 브리짓 바르도가 주도하는 개고기 논쟁의 중심에 서 있다. 88올림픽 때도 개고기 논쟁이 없었던 것은 물론 아니지만 우리의 당시 형편이 이러한 문제에 적극적으로 대처할 수 있을 만큼 성숙하지 못하였다. 그 당시 상황에서는 개고기를 먹고 있다는 사실이 세계에 알려지는 것만으로도 부끄러워 쉬쉬했을 뿐만 아니라 아예 올림픽 기간 동안 개고기 판매 금지 조치를 취했던 것이다. 그러나 지금은 브리짓 바르도에게 수천 명이 이 메일을 보내 항의를 하고 외국인들도 문화의 상대주의를 인정해야 한다면서 우리의 입장을 두둔할 만큼 우리의 위상이 강화되었다.

월드컵은 우리가 세계로 진출하는 무대이기도 하지만 우리의 구석구석을 세계에 알리는 계기이기도 하다. 누군가 이것을 글로컬리제이션이라는 절묘한 합성어로 표현하였다. 세계는 교통과 정보 통신의 발달로 점차 좁아져서 지구촌을 이루어 가고 있다. 지구촌 시민들은 지구촌 시민으로서의 예의와 매너를 갖추고 살아가야 할 것이지만 세계화된다는 것이 반드시 지구촌 시민들과의 동질화를 의미하지는 않는 것이다. 월드컵을 통해 우리가 이루어내야 하는 것은 지구촌 축제의 성공적인 개최만이 아니다. 월드컵을 통해 노래자랑 출연자들의 겉모습뿐만 아니라 자질까지를 성숙시켜 우리도 당당한 세계 시민의 일원으로 거듭나야 하는 것이다. <2001. 1. 4>

국민적 자긍심을 심어준 월드컵

국제 관광협력의 전제조건

참여 정부의 정책기조는 동북아 허브다. 우리나라가 물류, 경제 그리고 관광 등의 분야에서 급부상하고 있는 동북아 지역의 중심적인 역할을 함으로써 세계적인 강국으로 거듭나자는 야심찬 구상이다. 많은 관광 전문가들은 우리나라가 동북아 중심국이 되기 위한 정부 정책의 성공적인 추진을 위해서는 관광이 우선되어야 한다고 주장한다. 물류와 경제의 중심은 인적 교류가 우선되면 자연스럽게 이뤄질 수 있다는 논리이다. 이런 추세에 발맞추어 최근 아세안(ASEAN)과 한국·중국·일본이 참여하는 범아시아지역관광협력(ASEAN +3)과 함께 한·중·일과 북한·몽골까지를 포함하는 동북아관광협력(NETF) 등이 추진되고 있다.

관광 분야의 국제 협력은 공공부문과 민간부문으로 이루어지고 있으며 공공부문에서의 국제간 관광협력은 크게 지역협력인 공동체협력과 글로벌협력인 정책 공조를 통해 이루어지고 있다. 관광 분야에서의 국제간 정책 공조는 세계관광기구(WTO)·경제협력개발기구(OECD)·국제연합 아시아태평양경제사회위원회(ESCAP) 등과의 교류를 통해서 추진되고 있으며 지역협력은 동남아시아국가연합(ASEAN)·아태경제협력위원회(APEC) 그리고 동아시아관광마케팅협회(ATMA) 등 지역협력기구에의 참여를 통해 이뤄지고 있다(이 밖에 민간부문에서의 관광협력은 일본여행업협회(JATA)를 비롯한 주요 송출시장의 관광협회와 아시아태평양지역관광협회(PATA) 등과의 협력이 정기적, 부정기적으로 이뤄지고 있다). 모든 분야의 국제협력이 그러하듯이 정책 공조를 주로 하는 국제 관광협력에서도 국익과 실속을 챙기는 것이 우선이다. 국제기구에 재정적인 지원만 하고 꾸어다 놓은 보리자루마냥 자리만 지키다 빈손으로 돌아오는 봉 노릇은 더 이상 하지 말아야 한다. 그런데 그동안 우리나라가 봉 노릇을 하고 싶어서 봉 노릇해온 게 아니다. 봉 노릇을 하지 않기 위해서는 해당 기구의 정보를 늘 꿰뚫고 있어야 하며 국제 협력 기구 관련 인사들과의 끈끈한 인맥구축이 선행되어야만 한다. 국제기구 참가는 전문가를 양성하여 일관성 있게 꾸준히 참가하도록 해야 한다. 이럼에도 불구하고 관련 부서의 공무원들이 늘 교체되고 있으니 봉이 될 수밖에 없는 것이다. 전문가 양성 없이는 국제사회에서 결코 앞장설 수 없음을 명심해야 한다. 공동체협력을 추구하는 지역협력은 유럽연합(EU)과 아세안 사례에서 보듯 앞으로 경쟁력 강화와 생존을 위해 필수적이다. 유럽연합과 아세안이 지역협력에서 비교적 성공할 수 있었던 것은 이들 지역이 사회, 문화, 지리, 역사적으로 어느 정도의 동질성을 가지고 있기 때문이다. 현재 정부는 아세안 10개국과 한·중·일이 참여하는 관광협력 방안을 추진하고 있는데 유럽연합과 아세안의 선례가 시사하는 교훈을 잊지 말아야 한다. 우리는 이미 태국·싱가포르·필리핀 등의 일부 동남아국가와 한국·일본·대만 등이 같이 참여하였던 동아시아관광협회(EATA)의 실패 경험을 가지고 있다. 우리가 추구해야 하는 관광 분야의 지역협력은 동질성을 비교적 많이 공유하고 있는 중국과 일본이 되어야만 한다. 그래야 성공할 수 있고 실리를 추구할 수 있다.

　　지역협력에서 우리가 추구해야 할 것은 구호가 아니라 주도권
(initiative)이다. 한·중·일 관광협력에서 우리가 추구해야 할 것은
구호성의 지역 내 허브나 강대국을 주창하여 진짜 강대국들인 중국
과 일본을 자극할 것이 아니라 이들에 편승하여 우리의 실리와 입지
를 넓히는 작지만 강한 강소국 전략이어야 한다. <2003. 8. 1>

한국관광의 마케팅 이슈

제 2 장

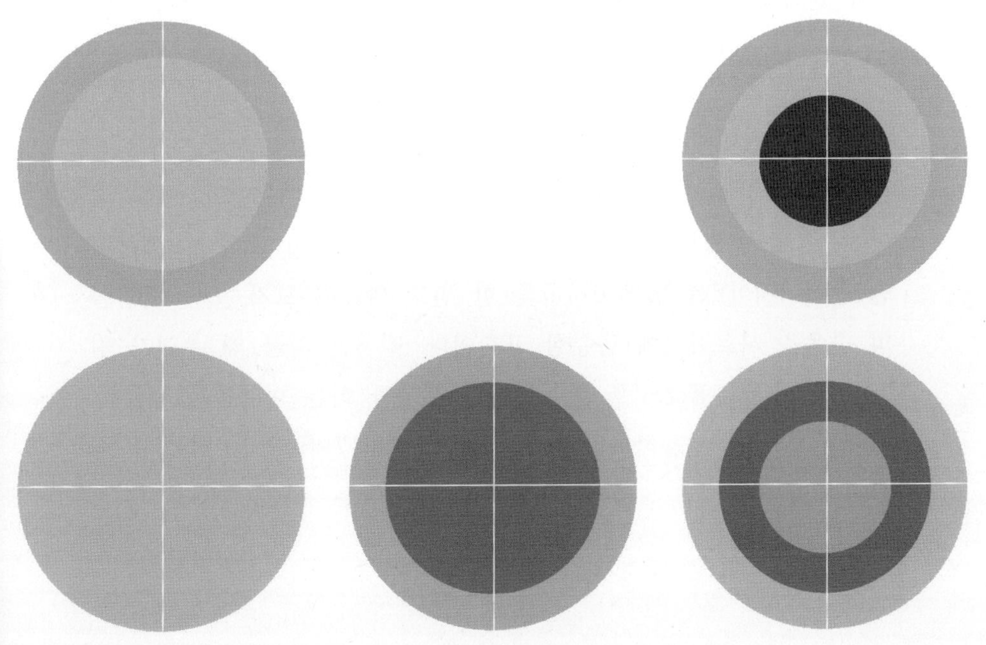

'Friendly Korea' 캠페인

봉이 김선달은 대동강 물을 팔아먹었지만 필자는 22년간 대한민국을 해외에 내다 팔아먹고 살아왔다. 김선달이 공짜로 주어진 대동강 물을 팔아먹을 수 있었던 것은 대동강 물에 대한 그럴듯한 상품 포장이 가능하였기 때문이었다. 한국을 해외에 내다 팔아먹는 것 역시 좀 부풀려서 표현한다면 김선달의 대동강 물 팔아먹기와 다를 바 없다고 본다. 그것은 우리나라를 경험해 보지 못한 외국인을 대상으로 나라의 이미지를 팔아먹는 일이기 때문이며, 한 나라의 이미지는 한두 개의 영어 단어에 의해 결정될 수 도 있기 때문이다. 예를 들면 이웃 말레이시아에서 활용하고 있는 'Fascinating Malaysia(매혹적인 말레이시아)'는 말레이시아를 한 번도 방문해 보지 못한 사람들의 마음을 사로잡기에 충분한 표현이다. 필자는 가끔 왜 우리가 진작 'Fascinating Korea'를 활용하지 못했을까 하는 아쉬움을 갖는다. 태국이 그동안 사용하여왔던 'Exotic Thailand'(이국적인 태국)나 싱가포르가 내세웠던 'Surprising Singapore(놀라운 싱가포르) 역시 마찬가지다. 영어 단어 단 두 개로 표현되어 있지만 태국이나 싱가포르의 이미지를 상징적으로 표출해내고 있다.

이런 의미에서 우리도 지난 30여 년간 우리의 이미지를 매력적으로 표현하기 위해 많은 노력을 기울여 왔지만 아직까지 해외 관광객을 사로잡을 만큼 성공적인 카피를 만들지 못하고 있다. 해외에서 한 나라의 이미지는 그 나라의 실정을 사실적으로 반영하는 방법도 있지만 그것보다는 어떻게 이미지를 조성해 가느냐에 따라 더 크게 좌우된다고 본다.

관광 목적지의 이미지를 함축적으로 표현할 수 있는 단어는 의외로 우리 생활 주변에서 쉽게 찾아질 수 있다. 이를테면 뉴욕시가 오래전부터 활용하고 있는 'I ♥ New York' 캠페인이 그 대표적인 사례라고 본다. 이 캠페인이 성공할 수 있었던 가장 큰 이유

는 'I Love'라는 표현이 사람들에게 친근감을 줄 수 있었기 때문이며 범죄 많고 지저분한 뉴욕시의 실정과는 전혀 관계가 없는 표현이다. 같은 상품을 판매하더라도 이렇듯 상품을 어떻게 포장하느냐가 상품 판매의 관건이 될 수 있는 것이다.

우리의 경우는 국가관광진흥기구가 창립되어 해외 진흥 활동을 시작한 이래로 'Korea, Land of the Morning Calm'을 활용하여 왔다. 어쩌면 이 캐치프레이즈는 우리나라를 가장 적절하게 표현하고 있어

앞으로도 계속 활용되어야 할지도 모르나, 문제는 앞서의 태국, 말레이시아 또는 싱가포르의 예와 같이 촌철살인하는 듯한 강한 인상을 잠재 방한 수요자들에게 심어 주지 못하는 데에 있다. 이 외에 여러 차례 개발·활용되어온 다른 캐치프레이즈들도 해외 관광 송출 시장에서 빛을 크게 보지 못하고 있다. 필자는 그 이유를 우리가 그동안 개발·사용해온 캐치프레이즈들이 좋은 단어의 선택에도 불구하고 너무 많은 단어를 사용하여온 점과 우리 주위에서 친근하게 사용하고 있는 단어들을 활용하지 못한 때문이라고 생각한다.

따라서 필자는 소비자들에게 쉽게 다가설 수 있고, 관광과 환대산업에서 가장 중요한 단어의 하나인 "Friendly Korea"를 한국 관광의 캐치프레이즈로 활용할 것을 제안한다.

해외여행 시나 여행 후에 가장 인상 깊게 남는 것은 결국 방문한 곳의 사람들과의 관계라고 보며, 이런 의미에서 이 광고 카피는 사람들의 본능을 파고들 수 있다고 보기 때문이다. <2000. 5. 4>

관광심벌의 창출

멋진 관광 심벌을 가지고 있는 나라들을 보면 부러움이 앞선다. 프랑스 파리의 에펠탑과 개선문, 뉴욕의 자유의 여신상, 일본의 후지산이나 기모노, 영국의 빅벤이나 타워브리지, 중국의 만리장성과 자금성 등이 그것들이다. 이런 관광 상징물은 강력한 관광 브랜드자산이자 랜드 마크로서 관광객들이 평생에 한 번쯤은 꼭 가보고 싶어

하는 곳이기도 하다.

멋진 관광 심벌을 가지고 있는 나라들을 보면 부러움이 앞선다. 프랑스 파리의 에펠탑과 개선문, 뉴욕의 자유의 여신상, 일본의 후지산이나 기모노, 영국의 빅벤이나 타워브리지, 중국의 만리장성과 자금성 등이 그것들이다. 이런 관광 상징물은 강력한 관광 브랜드자산이자 랜드 마크로서 관광객들이 평생에 한 번쯤은 꼭 가보고 싶어 하는 곳이기도 하다.

성공한 상징적 관광심벌들

우리나라 역시 우리 관광을 대표할 수 있는 관광 심벌 하나쯤은 가져보자고 그동안 많은 노력을 기울여왔지만 아직까지 이렇다 할 히트작을 내놓지 못하고 있다. 지난 30여 년간 남대문, 장고춤, 석굴암 등을 심벌로 내놓아 보았지만 차별화의 부족으로 세계 관광시장에서 특별한 주목을 받지 못하고 있다. 이런 문제점을 잘 알고 있는 문화관광부는 한글, 한복, 김치, 태권도, 불고기, 석굴암, 고려인삼, 탈춤, 종묘제례악, 설악산 등 열 개의 우리 고유 상징물을 선정해 활용토록 하고 있지만 이 중 어느 것 하나도 확실한 한국의 브랜드 이미지를 제대로 전달하지 못하고 있다.

그러나 확실하게 차별화되는 관광 심벌이 없다고 해서 끌탕만 하고 있을 일은 아니다. 남부럽지 않은 상징물을 가지고 있는 나라들도 구체적인 상징물을 자기 나라의 브랜드로 활용하기보다는 자기 나라의 특징을 잘 그려내고 있는 추상적인 상징물을 개발하여 활용하고 있는 추세이기 때문이다. 프랑스의 삼색기, 일본의 일본열도, 스페인의 태양, 캐나다의 단풍잎 그리고 이탈리아의 국가명 등을 응용한 추상적인 상징물들이 바로 그 사례들이다.

디지털, 지식과 정보로 대표되는 후기산업사회에서의 공간은 자본주의적 질서의 해체와 재구성이 급속해지면서 그 의미가 이미지, 기호, 상징 등으로 구체화되는 경향이 두드러지고 있다. 생산 위주의 산업사회 경제 중심이 재화와 서비스의 기능적 가치였다면, 지식정보사회 경제의 중심은 상징적 가치가 중시되고 있는 것이다. 이러한 추세에 따라 소비자들 역시 재화와 서비스의 선택에서도 기능적 가치와 함께 상징적 가치를 평가하게 되었다. 국가브랜드나 이미지로 표현되는 상징 경제는 한 국가의 자연환경, 국민, 역사, 문화, 전통, 정치체재, 경제수준, 사회 안정, 제품, 서비스 등에 관한 유형 또는 무형의 정보와 경험을 통해 제시되는 상징체계라고 할 수 있다.

또한 디지털시대의 상징인 커뮤니케이션 수단의 다양한 발전은 상징적 가치의 확산과 더불어 인간의 사고와 행동의 기준을 이성 중심에서 감성 중심으로 전환시키고 있다. 이러한 시대적 환경에서 한국이 관광 선진국으로 도약하기 위해서는 구체적 심벌을 활용한 브랜드 구축뿐만 아니라 추상적 상징물의 개발에 보다 많은 관심을 기울여야 할 필요가 있다.

세계 관광시장에서 긍정적 한국 관광이미지 창출은 관광 자원의 매력과 함께 이미지의 역할이 중요시되는 세계 각국의 치열한 경쟁 환경 속에서 관광지로서의 한국의 위상과 경쟁력을 높이는 데 필수적인 요소이다. 이러한 이유에서 많은 선진국과 우리 이웃의 경쟁국들이 심벌과 슬로건의 개발을 통해 국가 브랜드 이미지를 구축함으로써 관광객 유치는 물론 상품과 서비스의 교역에도 적극 활용하고 있는 것이다.

우리도 국가브랜드와 관광지 이미지를 효과적으로 구축하기 위해서는 없는 상징물을 찾으려고 애쓸 것이 아니라 한국(Korea)이라는 단어에서 연상될 수 있는 다양한 시각적 요소들을 디자인한 심벌이나 슬로건을 제작하여 활용하여야 할 때이다. <2004. 6. 4>

2% 부족한 NTO의 CI

한국 관광을 국내외에 대표하는 한국관광공사의 새 CI가 발표되었다. 오랫동안 한국 관광의 새 얼굴을 기대하던 필자에겐 여간 반가운 소식이 아니다. 필자의 기억으로는 거의 30년 만에 한국 관광의 얼굴이 바뀐 게 아닌가 한다. 무엇보다 반가운 것은 새 CI가 형상화된 심벌에 칼라로 상징화되어 디지털시대의 디자인 감각을 살리고 있다는 점이다.

관광 상품 브랜드나 CI의 본질적인 목적은 관광 조직의 서비스를 다른 조직의 그것들과 구별하기 위한 것이며 브랜드는 상품의 이름,

슬로건, 심벌로 구성된다. 관광객들은 이것을 특정한 관광조직이나 상품을 구별하는 메커니즘으로 활용하기 때문에 브랜드 또는 CI는 관광마케팅에서 매우 중요한 역할을 하게 되는 것이다. 그러나 관광공사의 새 CI를 자세히 관찰해 보면 그렇게 썩 만족스러운 것만은 아니다. 관광공사의 새 CI가 과연 이름, 슬로건, 심벌의 세 측면에서 확실히 차별되는 브랜드 이미지를 창출하고 있는지를 짚어보고 싶다.

첫째로 공사의 이름을 한국관광공사로 존치하고 영문 명칭은 기존의 KNTO(Korea National Tourism Organization)에서 N을 빼고 KTO로 단순화시켰다. 그러나 기왕에 단순화하는 김에 KOTRA의 경우와 같이 KOTOUR로 했다면 글로벌시대에 걸맞은 단순 명쾌한 이미지를 국내외의 소비자들에게 전달할 수 있었을 것이다. 글로벌 환경에서는 메시지나 이미지가 단순하게 전달될수록 좋다. 세계기업을 추구하는 우리나라 굴지 기업들의 사례들이 그것을 반증하고 있다. <SAMSUNG>, <LG>, <SK>, <DOOSAN> 등이 그 좋은 예이다. 관광공사의 주 고객은 누가 무어라 해도 해외 시장에 있다. 따라서 공사의 명칭도 국수적인 표현보다는 세계 범용의 로마자 표기가 바람직하다. KOTOUR 이외의 대안으로 캐나다(TOURISM CANADA)나 호주(TOURISM AUSTRALIA)의 사례와 같이 TOURISM KOREA도 좋을 것이다.

둘째는 심벌이다. 그동안 우리는 우리나라나 관광을 대표할 마땅한 심벌을 찾지 못해 고민해 왔다. 필자는 그간 끊임없이 물리적인 관광 심벌을 포기하고 상징적인 심벌의 창안을 주장해 왔다. 그런 의미에서 이번에 새로 선보인 심벌은 평가할 만한 작품이다. 특히 색동칼라를 응용한 새 심벌은 한국과 한국관광공사의 한글 이니셜인 'ㅎ'자 형상을 하고 있어 이채롭다. 그러나 이것도 국내 시장용으로 는 훌륭한 것일지 모르나 글로벌 시장에서는 한계를 가질 수밖에 없 을 것 같다.

마지막으로 슬로건인데 슬로건은 어차피 시장별로 달리 표현될 수 밖에 없겠으나 그래도 글로벌 환경에서 대표성을 갖는 것은 영어 슬 로건이다. 그런 의미에서 현재까지 가장 인상적인 슬로건은 Dynamic Korea라고 본다. 그러나 Dynamic Korea는 역동적으로 발전해 나가 고 있는 우리나라를 잘 대표할 수는 있어도 서비스가 우선되는 관광을 대표하기에는 좀 딱딱한 슬로건이다. 필자는 그동안 꾸준히 Friendly Korea를 주장해 왔는데 외래관광객 대상의 여론조사에서 우리나라의 친절성이 늘 부정적으로 지적되고 있는 상황에서 한국관광을 해외시 장에 가장 적합하게 표현한다고 생각하기 때문이다. 실제로 해외 관 광 체험에서 친절보다 더 인상적인 것은 없을 것이다. 더욱 중요한 것은 아직까지 다른 나라의 관광 슬로건으로 Friendly가 사용된 경우 가 없어 선점 효과를 가질 수 있는 것은 물론 미국의 유나이티드항 공사가 불황으로 어려움을 겪을 때 Friendly Sky라는 슬로건을 도입 하여 불황을 극복한 검증된 슬로건이도 하다. <2005. 10. 24>

Korea Sparkling

오랜 산고 끝에 드디어 한국관광 슬로건과 심벌이 탄생했다. 매력적인 심벌과 슬로건의 창안, 활용은 필자 관광 인생의 오랜 숙원이었기에 새로운 심벌과 슬로건의 탄생을 마주하는 것만으로도 반가움을 넘어 흥분을 감출 수가 없다. 그래서 새로운 관광브랜드의 탄생을 우선 축하한다.

새로운 슬로건은 'Korea Sparkling'으로 정해졌다. 원론적으로 얘기하면 성공적인 브랜드는 적어도 강하고, 독특하며, 친밀감을 줄 수 있어야 한다. 이

런 의미에서 새 슬로건은 sparkling이란 단어 하나로 한국관광을 표현하고 있어 강한 느낌을 준다. 그리고 아직까지 세계 어떤 나라도 sparkling이란 단어로 자기 나라의 관광을 표현한 적은 없기 때문에 독특하다. 그러나 sparkling이란 단어가 우리나라 방문자나 잠재 여행자들에게 친밀하게 다가갈 수 있을지는 미지수다.

sparkling이란 단어를 처음 접했을 때 필자에게 다가온 이미지는 샴페인(sparkling wine)이다. 투명한 유리잔에 시원하게 냉장된 샴페인을 따르면 탄산수들이 톡톡톡 튀어 오른다. 그래서 샴페인을 스파클링 와인이라고 하는데 바로 이런 이유 때문에 새로운 슬로건은 Sparkling Korea가 아닌 'Korea Sparkling'으로 반드시 표기해 줄 것을 주문하고 있다. 새로운 관광브랜드 기획을 맡은 회사의 설명에 따르면 'Korea Sparkling'은 한국의 순수한 에너지가 방한 관광자들

의 에너지를 충동하여 넘쳐나게 할 것(The clean energy of Korea will boost your energy)이라는 설명이다. 'Korea Sparkling'은 한국인과 한국 문화의 열정이 살아 숨 쉬는 한국관광을 통해 관광객들 내면의 생동하는 에너지(inner vital energy)를 느끼게 할 수 있는 약속이라는 것이다.

기획사는 또 새로운 슬로건에 국가브랜드인 'Dyanamic Korea'의 하위 개념으로 sparkling을 도입했다는 설명이다. 이론적으로는 매우 적절한 접근이자 설명이다. 그러나 중요한 것은 'sparkling'이 '한국'을 떠올리게 하느냐는 것이다. 'sparkling'은 우선 샴페인을 떠올리게 한다. 그리고 'sparkling'은 'Sparkling Korea'라는 시퀀스로 연결되지 'Korea Sparkling'으로 연상되기는 쉽지 않다. 더욱 중요한 것은 스파클링이라는 단어의 뉘앙스는 기획사가 주장하듯 불빛, 물방울, 반짝거림이라는 외형적 속성이나 활기찬, 생기 있는, 신선한, 살아 있는, 깨끗한 등의 연상보다는 통통통 튀는 모습이 먼저 떠오른다.

한국관광 브랜드의 VI(visual identity)도 동시에 발표되었는데 그 내용은 IT강국을 이미지화한 것으로 새로운 VI 역시 IT강국으로서의 우리나라를 나름대로 잘 표현하고 있다. 그러나 관광은 감성적인 활동이다. 관광지 방문을 결정할 때는 좋고 친밀한 느낌이 우선이다. 이런 의미에서 우리의 이웃 일본이 선택한 'Yokoso Japan'은 탁월한 브랜드이다. 환대의 의미와 일본 열도로 표현된 비쥬얼이 한꺼번에 감성적으로 표현되고 전달되기 때문이다.

비쥬얼이 그 나라의 관광이미지와 잘 맞아떨어지는 경우는 이 밖에도 많다. 호주의 캥거루, 캐나다의 단풍, 스페인의 작열하는 태양,

뉴질랜드의 100% pure New Zealand 등이 그렇다.

우리나라의 관광브랜드를 성공적으로 개발하여 활용하는 일은 쉽지 않은 과제다. 그래서 그간 좋은 작품을 개발할 수가 없었다. 이번에 개발한 'Korea Sparkling'도 수많은 시도와 대안을 검토하여 탄생된 것이고 나름대로 탁월한 선택이자 발전이다. 아무쪼록 새로운 브랜드의 기획 의도에 맞는 커뮤니케이션 캠페인을 일관성 있게 전개하여 우리나라 관광을 한 단계 끌어올리는 데 기여할 수 있길 기대해 본다. <2007. 2. 12>

관광지 로마자 표기의 문제

한글과 관광지의 로마자 표기에 관해서는 아직까지 논란이 끊이지 않고 있다. 특히 관광지와 도로 표지판의 로마자 표기는 여행자들의 눈에 쉽게 들어오기 때문에 더욱 말이 많다. 이제까지 제기되어 온 우리나라 관광지 영어 표기에 관한 문제는 크게 대한민국 명칭의 영어 표기, 한글의 로마자 표기 그리고 관광지와 관광 시설의 영어 번역에 관한 것들이다. 대한민국의 영어 표기를 'Korea'로 할 것이냐 아니면 'Corea'로 할 것이냐의 문제는 국회의 의제 상정이 추진된 적도 있을 만큼 대중은 물론 정치권의 관심을 모은 적이 있었고 네티즌 대상의 한 인터넷 신문의 여론 조사 결과, 현재의 영문 표기 'Korea' 대신 'Corea'로 변경하는 방안이 압도적인 지지를 받기도 했었다. 국명의 영문 표기 변경에 찬성하는 이유는 다양하지만 그중에서 가장 설득력 있는 것은 일제 통치 시 국제사회에서 일본의 입장을 강화하기 위해 일제가 의도적으로 바꾼 영문 표기를 바로잡아야 한다는 다분히 감정적인 이유가 압도적이다. 그러나 중요한 사실은 영어에서는 한국

Korea? Corea!

이 'Korea'로 표기되고 있고 불어, 스페인어, 이탈리아어 등 라틴어권에서는 'Corea' 또는 'Coree' 등으로 표기되고 있다는 것이다. 이는 라틴 계통의 알파벳에는 'K'자가 없어 한글의 'ㅋ'은 'C'로 표기되는 때문이고 영어에서는 예외적인 경우를 제외하고는 한글의 'ㅋ'은 'K'로 표기되고 있기 때문이다. 그러나 일제가 한국의 영어표기를 바꾸었던 안 바꾸었던 간에(바꾸었다는 근거도 없지만) 영문 표기의 느낌이 'C'가 'K'에 비해 부드럽고 순서에서도 일본을 앞설뿐더러 로마자 표기를 한가지로 통일할 수도 있으니 한반도 통일을 기점으로 국명의 로마자 표기를 'Corea'로 바꾸는 것이 좋을 것 같다.

한글의 로마자 표기는 맥퀸(George McCune)과 라이샤워(Edwin O. Reischauer)가 발음을 중시한 표음주의(表音主義) 원칙에 따라 1937년에 제정한 MR식 표기법과 문교부가 소리에 관계없이 글자대로 표기하도록(轉字法) 채택한 로마자 표기법인 MOE(Ministry of Education)방식이 혼용되어 오다가 지난 2000년부터 MOE방식을 토대로 한 '새 국어 로마자 표기법'을 제정하여 로마자 표기방법을 통

일시켜 오고 있다. MR표기법과 MOE표기법은 각각 일장일단이 있으나 관광지는 고유명사임으로 소리에만 충실하여 비슷한 지명 간에 혼동을 초래하기보다는 발음과는 일치하지 않지만 혼동을 줄일 수 있는 MOE방식의 채택은 바람직한 일이라고 생각된다.

마지막으로 관광지와 관광시설의 영문 오역에 관한 것인데 관광분야의 많은 오역 가운데 대표적인 것은 정부에서 지정해서 그 품질을 보증하고 있는 관광호텔의 영역일 것이다. 개발 전횡시대에 외국인을 위해 정부가 일정한 요건을 갖춘 호텔을 관광호텔로 지정하면서 시작된 것이 지금도 지켜지고 있는 것인데 한심한 것은 관광호텔의 영문 번역이 'Tourist Hotel'이라는 것이다. 우리나라 사람들은 관광호텔이 일반호텔에 비해 차별화된 호텔이라는 것을 오랜 경험을 통해 잘 알고 있지만 영어가 모국어인 사람들에게는 'tourist hotel'은 가장 싼값으로 구입할 수 있는 싸구려 호텔인 것이다. 따라서 관광호텔의 한글 명칭은 지금과 같이 유지하더라도 영어 표현은 'tourist hotel'이 아닌 'Government Guaranteed Hotel' 또는 서비스나 시설에서 차별화된 호텔이라는 의미가 전달될 수 있는 다른 표현으로 바꾸든지 아니면 무궁화만 나열하는 것이 훨씬 더 효과적일 것이다.

차제에 관광호텔의 등급부여도 더 이상 관이 주도할 것이 아니라 민간에게 맡겨 자율적으로 정할 수 있게 하였으면 좋겠다. 이를테면 미국의 숙박업소는 'Mobile Guide'라는 여행안내서에 의해 등급이 매겨지고 모텔이나 호텔들도 이러한 등급을 자랑스럽게 게시하고 있으며 소비자들 역시 여행안내서의 등급을 절대적으로 신뢰하고 있는 것이 그 좋은 사례이다. 물론 이러한 소비자들의 절대적인 신뢰는

‘Mobile Guide’의 엄격하고 정확한 평가를 전제로 한 것임은 두 말할 나위가 없다. <2004. 9. 6>

이연연상(二連聯想)

당초 월드컵이 시작되기 전에 관광업계는 월드컵 경기가 업계에 커다란 도움이 될 것으로 예상하였지만 결과는 의외로 인바운드, 아웃바운드 모두에게 커다란 실망만을 안겨준 채 마무리되었다. 월드컵 숙박지정업체인 바이롬사에게 대부분의 객실을 점령당했던 전국의 특급 호텔들도 바이롬사의 뒤늦은 객실 불럭 해제로 객실을 텅텅 비워둔 채 월드컵 특수에 대한 기대를 접어야 했고 월드컵 열기에 휩싸인 대부분의 소비자들도 국내외 나들이에 관심이 없어 여행업계 역시 뜻하지 않은 비수기로 고전을 하였다. 그럼에도 불구하고 월드컵은 백화점 등 유통업체, 통신을 위주로 한 일부 제조업체와 서비스업체 등 준비된 업체에게는 월드컵 마케팅을 통해 기업의 이미지도 높이고 상품매출도 괄목할 만하게 신장시킨 절호의 기회였다.

지난 월드컵에서 우리 대표팀의 선전은 우리나라만의 긍지가 아니라 그동안 한 번도 월드컵 4강은 물론 본선에도 진출하지 못한 아시아 전체의 긍지이기도 하였다. 하지만 지난 월드컵으로 축구에서만큼은 우리가 아시아를 대표하는 선진국이 되었을지 모르지만 외래관광객 유치에 있어서는 싱가포르, 홍콩, 태국 등이 늘 우리를 앞서가고 있다. 특히 관광자원이나 매력 면에서 싱가포르나 홍콩은 우리의 서울만도 못한 도시 하나 만을 가지고 한반도 전체보다 훨씬 많은 관광객을 유치하고 있다. 월드컵 관광마케팅이 대부분 국내업체에 의해 주도된 데 반해 월드컵 경기 중 우리나라 손님을 자국으로 유치하기 위해 싱가포르관광청과 싱가포르항공사가 공동 주관한 월드컵 마케팅은 서울보다도 작은 도시국가에 불과한 싱가포르가 왜 아시아 부동의 관광선진국 자리를 지켜나가고 있는지를 웅변으로 설명해 주고 있는 사례이다.

역대 월드컵 대회와 마찬가지로 이번 월드컵에서도 이변이 속출했다. 특히 내로라하는 유럽의 축구 강호인 프랑스, 이탈리아, 포르투갈 등이 신생 축구 강국들에게 줄줄이 고배를 마셨다. 축구를 관전하면서 느낀 것은 축구가 실력만으로 승부가 결정되는 경기만은 아니라는 것이다. 열심히 하고도 골 운이 없어 전투에 이기고 전쟁에 지는 경우도 허다하고 선수들의 컨디션이 좋지 않아 내내 잘 운영해 가던 경기가 풀리지 않아 무릎을 꿇는 경우도 많이 보아왔다. 그러나 아무리 축구의 승패가 경기 당일의 승운에 의해 결정되고 예선 리그전과 결승 토너먼트를 거치면서 뜻하지 않은 불운을 겪는 팀들이 많이 있다고 하더라도 운만으로 우승의 사다리 정점에 다다르게 되는 일은 결코 생기지 않는다. 사다리의 정상을 차지하는 것은 결국 실력이 뒷받침된 강자 중의 하나인 것이다.

'창조적 행동'의 저자이자 심리학자인 아서 쾨스틀러(Arthur Koestler)는 이연연상(Bisociation, 二連聯想)이라는 개념을 제시한 바 있다. 사람들은 해결하고 싶은 어떤 문제에 부딪칠 때 모든 정열과 열정을 거기에 쏟아 붓게 된다. 이러한 열정과 정열에도 불구하고 문제 해결이 여의치 않을 때 사람들은 좌절과 곤경을 경험하지만 주어진 과제에 계속 몰입하다 보면 어느 순간 그때까지는 서로 관계가 없었던 어느 경험과 자신의 목표의식이 돌연 관계를 맺게 되어 문제를 해결할 수 있게 되는데 이때의 관계 형성을 쾨스틀러는 이연연상이라고 불렀다.

당초 월드컵에서의 첫 승이 목표였던 우리 축구 국가 대표팀이 지난 반세기의 염원이던 16강을 넘어 8강 그리고 4강에 진입하게 된 신화 창출은 축구 관련 당국의 흔들리지 않는 뒷받침, 국민의 열정과 정열 그리고 세계 축구의 흐름을 꿰뚫고 있는 감독의 냉철한 판단과 추진력이 함께 결합되어 이루어낸 위업인 것이다.

월드컵은 물론 IT산업과 조선 분야 등에서 세계 최고 수준을 달리고 있는 우리가 열정과 정열을 가지고 관광마케팅에 몰입한다면 외래 관광객 유치에 있어 서울 하나만도 못한 일개 도시국가인 싱가포르나 홍콩을 따라잡지 못할 이유가 없는 것이다. 우리가 월드컵 경기에서 어려움을 겪을 때마다 중계방송 해설자가 한 멘트가 아직도 기억 속에 선명하다. '운도 노력한 자에게 따라온다.'<2002. 8. 2>

뉴미디어 발흥과 시장의 대응

우리 부부에겐 두 딸이 있는데 큰 아이는 대학 졸업 후 직장에 나가고 있고 작은 아이는 대학 4학년에 재학 중이다. 그런데 이 아이들이 대학을 다닐 때는 물론 지금도 집에 배달되는 신문을 보는 일이 없어 우리 부부의 지청구 대상이다. 도대체 대학씩이나 다니는 녀석들이 신문도 안 보고 세상 돌아가는 사정을 어찌 알겠냐는 것이 우리 부부가 이들을 지청구해온 이유이다.

그러나 우리 부부의 이런 우위적 지청구는 한 세미나에서 요즘 젊은이들의 정보 입수 수단에 관한 조사 결과를 접하면서 산산이 깨지고 말았다. 이 조사 결과에 따르면 최근 5년간 신문과 TV 등 전통 매체의 정보 전달 비중은 현저히 감소 추세에 있는 반면 케이블TV나 온라인 매체의 비중은 상대적으로 급격히 증가되고 있다는 것이고 이런 현상은 2~30대의 젊은 층에서 더욱 두드러지게 나타나고 있었다.

이후 한 방송사에서 일하는 지인에게서 정보 전달의 첨병이라 할 수 있는 작가, PD들의 대부분조차도 신문을 보고 있지 않다는 놀라운 사실을 접하면서 충격을 넘어 부끄러움을 감출 수가 없었다. 정보 전달 시장이 급격히 변해가고 있는 것을 모른 채 무당 장고 나무란 꼴인 것이다.

새로운 미디어가 시장을 어떻게 바꿔놓고 있는지를 정확히 파악하는 것은 어떤 업종의 마케터들에게나 매우 중요한 마케팅 이슈가 될 수밖에 없다. 요즈음 정보 시장은 정보통신 기술의 발전에 발맞추어 온라인 뉴스의 비중이 급격히 증대되고 있다. 최근 몇 년 사이 온라인 전문 매체들이 등장하여 그 영역을 급격히 넓혀가고 있는 것은 물론 온라인뉴스 성장의 원동력인 포탈과의 결합으로 언론사간 서열마저 파괴하고 있거나 극복해가고 있다.

온라인 매체들은 온라인 뉴스사 자체 사이트를 운영하는 것은 물론 '머니투데이'와 같이 실시간 증권뉴스를 제공하거나 '오마이뉴스'

와 같이 시민이 참여하는 뉴스를 생산하는 등 차별화 전략을 통하여 신문사닷컴과 같이 기존 신문의 보조 수단으로 온라인을 활용하고 있는 전통 매체를 따돌리고 있다. 국내 주요 포털들도 고유의 포털 서비스 외에 뉴스서비스를 강화하고 있어 방송·신문의 정보 독점시대가 붕괴되어 가고 있는 것이다.

온라인 환경의 최근 변화는 포털서비스를 이끌던 웹 1.0세대가 웹 2.0세대로 전환되고 있다는 것인데 웹 2.0세대의 두드러진 특징은 문자나 정지 영상뿐만 아니라 동영상을 가진 콘텐츠 제공, 정보의 안전한 송신과 수신, 이용자 수요에 맞춘 솔루션 제공 그리고 전자상거래가 가능한 플랫폼(platform) 환경이다. 다시 말하면 일방적이거나 단순한 정보전달 기능이 소비자가 직접 생산하는 콘텐츠, 즉 UCC(User Created Contents)로 대표되는 네티즌의 참여와 공유에 의한 쌍방향 커뮤니케이션으로 바뀌고 있는 것이다. 이런 트렌드를 타고 기존의 매체들도 온·오프라인 뉴스를 동시에 제공하고 있고 블로그, 미니홈피 등 1인 미디어가 온라인 매체 환경의 총아로 떠오르고 있다.

인터넷을 중심으로 한 모바일, DMB, WiBro, IPTV 등 유비쿼터스 사회로 대표되는 새로운 미디어는 일상생활의 모든 곳에 스며들어 엄청난 영향력을 행사하고 있으며 인간의 감각 기관을 확장할 뿐만 아니라 기존과 다른 경험 세계를 구축하고 있다. 뉴미디어의 확산은 한편으로는 소비자의 정보 습득의 욕구를 증가시키고 있지만 다른 한편으로는 소비자의 참여의식과 콘텐츠를 직접 생산하고자 하는 욕구와 계기를 확장시키고 있기 때문이다.

이런 환경에서 마케터들이 온라인시대의 다채널 유통을 철저히 이

해하지 못하거나 온라인 뉴스를 적절히 활용하지 못한다면 시장에서
도태될 수밖에 없는 것이 오늘의 현실이다. <2006. 10. 30>

라스베이거스의 변신과 관광마케팅

갬블과는 평생 담쌓고 지내던 필자는 아이러니하게도 학생들을 가
르치기 시작하면서 교육 경험삼아 슬롯머신을 당겨보게 되었다. 모
르면 용감하다고 요행히도 두 차례의 라스베이거스 방문 중 쿼터 베
팅이긴 하였지만 밤샘을 하다시피 하고도 돈을 잃기는커녕 두 차례
의 잭팟을 터트려 주위를 놀라게 한 적이 있다. 이 과정에서 카지노
와 도박의 도시로만 알았던 라스베이거스를 재평가할 수 있는 기회
를 가진 것은 또 다른 행운이다.

사막 한가운데 위치한 라스베이거스는 보통의 미국 환경과는 전혀
다른 비일상적이면서 배타적인 공간이다. 높은 산맥에 둘러싸인 분
지에 위치한 라스베이거스는 전형적인 사막지대로 높은 기온은 물론
식수 부족으로 인디언 부락이 군데군데 흩어져 있던 시골마을일 뿐
이었다. 바다 속에 잠겨 있던 땅이 지각변동을 일으켜 세상 밖으로
모습을 드러내긴 하였지만 염분이 가득한 토양은 생명이 자랄 수 없
을 만큼 척박하여 풀 한 포기 없이 맨몸을 드러낸 산과 무릎 높이
의 잡목만 무성한 황량한 사막의 모습은 예나 지금이나 마찬가지다.

그런 황량함의 한 가운데에 세계적인 엔터테인먼트 도시 라스베이
거스가 세워졌고 카지노와 환락의 이미지, 미국 최대의 가족 테마파

크, 3천 개가 넘는 각종 컨벤션의 개최로 세계 각국의 비즈니스맨들을 불러 모으는 세계 최대, 최고급 호텔과 서비스 산업의 메카로 변신하였다. 우리에게는 카지노와 환락의 도시로만 알려져 있는 라스베이거스지만 미국 내에서는 살기 좋은 도시, 인구 유입, 비즈니스 성장, 실버타운 조성 분야에서 각각 1위 도시와 가족 휴양의 최적지로 인식되어 지금도 황금을 찾아 서부를 찾았던 것과 같은 러시가 이어지고 있다.

라스베이거스는 1930년대 후버댐 건설 노동자들을 위한 위락타운으로 조성된 후 마피아의 개입으로 도박도시로 급속도로 성장하지만 1970년대 미국 동부의 애틀랜틱시티에 새로운 카지노가 생기면서 불황의 늪에 빠지게 된다.

불황을 이기기 위해 라스베이거스는 변신을 시도한다. 주정부와 연방정부의 카지노 양성화 노력으로 개발 초기 마피아와의 관계는 청산되고, 카지노 산업을 발전시키려는 사람들에 의해 카지노와 숙박이 결합된 카지노 호텔이 속속 들어서게 된다. 이 호텔들은 경영 적자를 타개하기 위해 고객들에게 다양한 볼거리를 제공하기 시작했고 이 노력들은 대형 테마 형 호텔의 등장을 가져오게 된다. 이런 형태의 호텔의 등장이야말로 도박과 담배냄새에 찌들었던 갬블러들의 도시 라스베이거스를 가족이 함께 즐길 수 있는 종합 리조트로 바꾸어 놓은 계기이다.

가족이 함께 즐길 수 있도록 하기 위해 누드 무용수와 어린이 조각상을 치워버리고 공중 곡예사와 피에로를 대폭 확충했다. 누구도 상상하지 못했던 콘셉트가 라스베이거스에 극적인 변화를 가져왔다.

미국 관광의 메카, 라스베이거스의 변신

성인들을 위한 환락의 도시가 어린이에서 어른에 이르기까지 온 가족이 즐길 수 있는 종합오락리조트로 환골탈태한 것이다. 부유층에서 보통사람으로 표적시장을 바꾸면서 거리 곳곳에는 가족 여행객들을 위한 각종 이벤트가 끊임없이 펼쳐지고, 브로드웨이를 능가하는 뮤지컬 공연, 서커스와 셀린 디옹 콘서트 등 각종 쇼를 즐기려는 관광객들로 불야성의 라스베이거스는 환상과 꿈이 담긴 도시로 변모되었다. 꿈의 도시 라스베이거스는 브리트니 스피어스 등의 예와 같이 미국 젊은이들의 결혼 장소로도 선망되고 있는 것은 물론 조지 윌리스 등 유명 배우들의 별장들이 몰려 있는 신흥 고급 주거지이기도 하다.

1990년대 이후 엔터테인먼트산업에서 미국의 두 도시가 세계적인 주목의 대상이다. 디즈니월드의 올란도와 카지노의 라스베이거스 두 도시인데 이 두 도시는 세 가지가 닮은꼴이다. 두 도시 모두 자연발생적인 발전 과정을 밟아온 도시가 아니라, 일정한 계획과 목적에 따라 인위적으로 조성되어 확대·발전을 거듭하고 있는 도시라는 점. 최첨단 테마 파크를 위주로 한 오락산업 도시라는 것. 배타성과 종합성의 두 가지 면을 공유하고 있다는 점이 그것들이다.

올란도와 라스베이거스의 성공 사례는 우리 관광산업의 활로를 선명하게 보여주고 있다. 말도 많고 탈도 많았던 새만금방조제로 조성된 공간의 가치 창출 극대화와 날로 커져만 가는 관광수지 적자 타개라는 두 마리 토끼를 동시에 잡을 수 있는 해답을 명확하게 제시하고 있다. <2007. 7. 23>

중국관광시장의 거대한 잠재력

중국을 이야기하는 것은 쉽고도 어려운 일이다. 주재 근무를 위해 3년을 넘게 체류했던 이탈리아와 우리의 공통점을 꼽아보라면 좀 허풍을 인정한다 해도 천 가지도 넘게, 희한하게도 닮은꼴들을 나열할 수 있을 것 같다(이탈리아 사람들은 우리 문화에 이해가 깊지 못해 동의하지 않을 수도 있겠지만). 그러나 중국에 관해서는 우리 모두 조금씩은 전문가연한 이야기를 할 수 있을 것이다. 그만큼 중국과 우리는 문화, 역사 그리고 지리적으로 오랫동안 이웃하면서 교류해

왔기 때문일 것이다.

한 회갑 동안 죽의 장막 안쪽에 신비스런 모습으로 숨겨져 있던 중국이 우리에게 다시 다가와 그 옛날처럼 때로는 위협적인 존재로 때로는 친근하게 어울리게 된 것은 관광이 그 물꼬를 다시 텄기 때문이다. 1972년 핑퐁외교로 비롯된 닉슨의 방중으로 열리기 시작한 중국의 문지방은 불과 30년 만에 그 문을 열어준 미국을 제치고 관광, 무역, 투자 등 경제 교류의 모든 면에서 우리의 최대 파트너로 변모되어 있다. 이제 중국은 우리에게 운명적으로 뗄 레야 뗄 수 없는 본연의 모습으로 다시 돌아온 것이다.

관광만 하더라도 중국은 불과 몇 년 전까지만 해도 일본과 미국 때문에 우리의 안중에도 없었던 시장이다. 그러나 작년 말 통계를 보면 한중 간의 관광교류는 중국인 71만 명이 우리나라를 다녀가 63만 명이 다녀간 2004년에 비해 13%의 성장을 보이고 있으며 한국인의 중국 방문은 296만 명으로 235만 명이 방문했던 2004년에 비해 무려 27%나 증가해 폭발적인 성장세를 보이고 있다. 반면, 지난 수십 년간 우리의 최대 파트너였던 미국인들은 53만 명만이 우리나라를 다녀갔고 그나마 2004년의 51만 명에서 겨우 4%의 성장세를 보여 양국 간의 교류가 급격히 둔화되고 있어 중국과는 더 이상 비교의 대상이 아

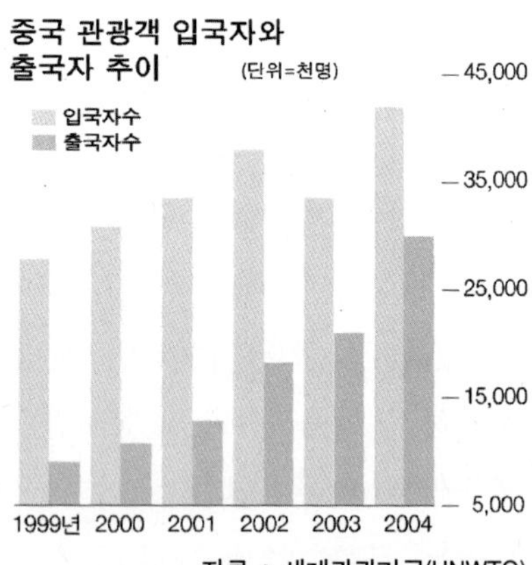

님을 보여주고 있다.

　세계 속의 중국 관광산업 규모를 보더라도 세계관광기구(UNWTO)의 최종 통계인 2004년을 기준으로 세계에서 관광객을 가장 많이 유치한 나라는 프랑스로 7,512만 명이었으며 중국은 스페인 5,243만 명, 미국 4,608만 명에 이어 4,176만 명을 유치함으로써 서구의 전통적 인기 관광대국들을 맹렬히 위협하고 있다. 관광 수입에 있어서도 중국은 257억 달러를 벌어 미국(745억), 스페인(452억), 프랑스(408억) 등에 이어 세계 7위의 관광수입국으로 부상하고 있다(참고로 우리나라는 같은 해 61억 달러를 벌어 세계 27위를 기록하였다). 또한 2003년도에 세계에서 관광객을 가장 많이 송출한 나라는 독일로서 7,460만 명이 해외여행을 하였으며, 중국은 영국 6,142만 명, 미국 5,618만 명 등에 이어 2,022만 명을 해외로 송출하여 9위를 기록하였고 아시아 최대 송출 규모를 자랑하던 일본은 15위인 1,330만 명을 기록하여 중국에게 일찌감치 따돌림을 당하고 있는 형국이다. 관광 지출에 있어서도 독일(646억), 미국(597억), 영국(485억) 등에 이어 세계 7위인 152억 불을 해외에서 소비하여 중국은 관광교류의 모든 분야에서 새로운 시장으로 급부상하고 있음을 알 수 있다.

　2003년 기준으로 중국 국민 1인당 GDP는 1,083불에 불과하지만 1억 이상으로 추산되는 부유층은 자가용과 고급 주택을 소유하고 해외여행과 여가 소비가 왕성해 결코 만만하게 볼 시장이 아니다. 소득 격차는 중국이 안고 있는 가장 심각한 문제로 '조화로운 사회 실현'이 정책 목표이지만 경제 전반에 있어서 개혁개방 정책의 기조인 '선부기래(先富起來; 일부 사람들이 먼저 부유해져 가는 것)'가 기본적으로 유지되고 있다. 이에 따라 2008년 북경올림픽과 2010년 상해 만국박람회 개최까지는 높은 성장이 지속될 전망이며 관광 시장도 동반하여 확대될 것으로 예상되고 있다. 실제로 세계관광기구(UNWTO)에 따르면 2020년경 중국은 세계 최대 관광목적지로 발돋움하고 관광객 송출 규모에 있어서도 매년 평균 10% 이상의 높은 성장을 기록하면서 세계 4위의 시장으로 부상할 것으로 전망되고 있다.

이에 따라 중국 중앙 정부차원에서 관광 개발과 진흥을 총괄하는 기관인 중국국가여유국(中國國家旅遊局)은 2020년까지 중국 입국 관광객을 2억 천만 명까지 늘리고 관광외화 수입은 5백8십억 달러 그리고 국내 관광 수입을 2,100십억 유안까지 끌어올린다는 야심찬 장기 비전을 제시하고 있다. 이렇게 되면 관광 수입이 중국 GDP의 10% 규모를 차지하게 되어 관광산업은 소비와 외환보유고 증대, 산업구조 개편, 고용 증대, 빈곤 해결 등의 다양한 영역에 영향을 미치게 되는 중요한 산업으로 자리잡게 됨을 의미하는 것이다. 이런 점에 주목하여 중국 공산당 중앙위원회와 국무원은 '붉은 여행(red tourism)'이라는 이름의 관광 개발 프로젝트를 입안하여 다음과 같은 정책을 집중적으로 추진하고 있다.

첫째 '붉은 여행' 촉진을 통해 애국심을 고취하기 위해 공산당 혁명 근거지를 관광코스로 개발하여 2010년까지 관광객 수를 18% 증가시킨다.

둘째 중국 내 12개 주요 관광 지역을 우수한 테마, 용이한 접근, 강력한 매력 등으로 특징 지워 개발한다.

셋째 약 100여 개의 '표준 붉은 관광 지역'을 집중 육성하며 이

중 40%는 AAAA급 수준, 나머지 80%는 AAA수준까지 끌어올린다. 50개의 관광 지역을 2007년까지 매일 5십만 명의 관광객을 유치할 수 있도록 육성하며 2010년까지 이러한 지역이 80%에 이르도록 한다.

넷째 혁명의 역사·문화유산의 발굴, 보호, 전시, 홍보가 세계수준에 이르도록 하며, 계획 기간 중 문화 유적 시설은 국가적 차원에서 전반적으로 정비한다.

중국 관광 당국은 이 '붉은 여행' 프로젝트를 통해 2010년까지 200만 개의 직접적인 고용과 1,000만 개의 간접적인 고용 창출 그리고 약 1천억 유안의 관광수입을 추가적으로 기대하고 있다.

매년 괄목하게 팽창하고 있는 중국 관광산업의 규모를 반영하여 중국에는 2003년 현재 3십만 개 이상의 관광 관련업이 성업 중이다. 세부적으로는 8만여 개의 등급 호텔과 2십만 여 개의 게스트하우스, 1,300여 개의 국제여행서비스업, 12,000여 개의 국내여행서비스업이 영업 중이며 모두 3천9백만 명이 관광산업에 종사하고 있는데 이 중 650만 명은 직접적, 3천250만 명은 간접적인 종사원이다. 중국 정부는 181개의 베스트 관광도시를 지정, 지원하는 이외에 주요 관광 명소 3,409곳을 선정하여 이 중 가장 우수한 AAAA급 443개소, AAA급 173개소, AA급 648개소, A급 94개소를 집중적으로 육성하고 있다.

관광자원 대국인 중국은 지난 20년간 관광산업의 모든 면에서 거대 아시아 관광국으로 발전해 왔다. 새로운 세기를 맞아 중국은 거대 아시아 관광국에서 거대 세계 관광국으로의 변모를 추구하고 있으며 관광목적지로서의 중국에 관한 해외마케팅도 의욕적으로 추진하고 있다. 관광 당국은 높은 수준의 서비스와 인프라를 구축하기 위해 모든 역량을 집중하고 있으며, 북경올림픽과 상해만국박람회 개최를 계기로 공격적이고 선진적인 관광마케팅 캠페인도 전개하고 있다. '건강과 휘트니스 중국관광(China Health and Fitness Tour)', '중국 민속예술 관광(China Folk Art Tour)', '중국 요리왕국 관광(China Culinary Kingdom Tour)', '라이프스타일 따라잡기(Catch the Lifestyle)', '2008년 베이징올림픽 관광('Welcome to China-2008 Beijing' Olympics Tourist Promotions)' 등의 주제로 매년 차별화된 캠페인을 전개하고 있는 것이 그 좋은 사례로서 건강한 중국인의 삶, 행복한 삶을 즐기는 중국인들과 역동적인 중국을 표현하는 다양한 관광 프로그램을 통해 중국의 긍정적 미래 이미지를 전 세계에 소개하고 있다.

앞으로도 중국과 우리는 좋거나 싫거나, 원커나 원치 않거나 간에 밀접한 관계에서 벗어날 수가 없을 것이며 관광 분야에서 이런 중국과 한 배를 탄 채 적절히 협력해 나가는 것은 우리 관광의 장래를 결정하는 데도 매우 유용한 지렛대가 될 수 있을 것이다. <2006. 6. 5>

유럽 관광시장 개척 과제

아시아·유럽 정상회의(ASEM)의 서울 개최는 유럽에 대한 관심을 환기시키는 계기가 되고 있다. 아웃바운드 시장에서는 유럽 지역이 가장 인기 있는 여행 목적지로 부상한 바 있어 유럽은 우리 여행자들에게 더 이상 생소한 지역이 아니다.

그러나 유럽에서의 한국에 관한 관심이나 인지도는 우리의 상상을 초월하는 수준이며 방한 관광객 송출규모 역시 최하위에 머물고 있다. 필자는 이탈리아 관광객 유치를 위해 1994년부터 1998년까지 밀라노에서 근무한 경험이 있다.

그 당시 주이탈리아 한국대사관은 현지의 유력 여론조사기관을 통해 이탈리아인을 대상으로 한국에 관한 인지도를 조사한 적이 있었는데 긍정적이든 부정적이든 한국을 알고 있다고 응답한 사람은 전체 조사 대상자의 5%에 불과하여 충격을 받은 일이 있었다.

관광객을 유치하겠다고 그곳에 사무실을 개설한 입장에서 크게 실망스러운 조사결과였기 때문이다. 그 후 안 일이지만 이러한 수준의 한국에 대한 열악한 인지도는 영국, 독일, 프랑스 등 다른 유럽국가에서도 큰 차이가 없는 것이었다.

필자는 또한 1980년대 중반과 1990년대 초 서울올림픽을 사이로 두 차례에 걸쳐 미국에서 근무한 적이 있는데 88서울 올림픽을 전기로 하여 미국인들의 한국에 대한 인지도가 크게 달라진 것을 피부로 느낀 적이 있었다. 그러나 유럽에서의 한국에 대한 인지도는 올림픽대회의 서울 개최에도 불구하고 별다른 변화가 없었음을 이탈리아 주재 근무 동안 체험하고 커다란 벽을 느꼈다. 우리는 흔히 구·미인들을 동일시하는 경향이 있지만 미국인들과 유럽인들 사이에 인식과 문화의 차이가 그만큼 크다는 얘기가 된다.

상품수출도 나라 이미지와 동반하는 것이라는 것은 독일의 벤츠 승용차, 일본의 전자·정밀 제품과 이탈리아의 패션 제품 등의 예에서 보는 경우와 같다.

주재 근무 당시 이탈리아를 비롯한 유럽의 각 지역에서 한국산 자동차의 판매가 급증하고 있어 한국산 자동차 구매고객을 대상으로 한국여행의 동기를 부여함으로써 한 사람의 관광객이라도 더 유치해 보고자 했던 노력이 현지 자동차 판매 딜러들의 강력한 반대로 실현되지 못했다.

한국산에 대한 유럽 소비자들의 신인도가 낮기 때문에 자동차 구매 고객들에게 자동차가 한국산임을 알려주게 되는 한국여행 보너스 제공이 한국산 자동차 판매에 도움이 되기보다는 오히려 역효과가 날 것이라는 현지 자동차 마케팅 전문가의 권고 때문이었다.

우리는 늘 아시아 태평양시대의 주역이며, 또 세계의 중심국가로 발전할 것이라는 자부심을 가지고 있지만 유럽에서 보면 한국은 아시아대륙의 어딘가에 위치해 있는 작은 나라, 남과 북 중 어느 쪽이 공산주의 국가인지 분간이 안 되고, 베트남이나 캄보디아 등의 나라와도 헷갈리는 미미한 존재에 불과한 것이다.

사상 최대의 국제 행사라는 제3차 아시아·유럽 정상회의의 서울 개최는 대통령의 노벨 평화상 수상과 겹쳐 유럽에서 많은 언론의 조명을 받는 계기가 되었을 것이다.

특히 2002년에 일본과 공동 개최하는 월드컵 축구대회는 축구에 대한 유럽인들의 광적인 선호 때문에 우리나라에 대한 유럽인들의 관심을 불러일으키는 좋은 계기가 아닐 수 없다. 더욱이 월드컵 경기의 북한 분산 개최가 이루어진다면 북한에 대한 유럽인들의 호기심과 맞아떨어져 관광목적지로서의 한반도를 유럽시장에 홍보하는 절호의 기회가 될 수 있을 것이다.

한국에 대한 인지도가 극히 낮은 유럽시장에서 이러한 대형 이벤트를 관광 마케팅에 어떻게 효율적으로 연계 활용하느냐의 여부는 세계 최대 관광 송출 지역인 유럽관광시장 개척의 성패를 가름하는 관건이 될 것이다. <2000. 11. 9>

한반도 관광진흥 과제

55년 만에 남북 정상이 만났다. 기다려온 세월로 보면 긴 세월이 겠지만 지나고 보면 창졸간일 수도 있다. 독일 통일도 결과만 놓고 보면 순식간에 이루어졌다. 남북정상회담이 끝나자마자, 미국정부는 마치 기다리기라도 했다는 듯이 과거 50년 동안 북한에 가해온 경제제재 조치를 해제하겠다고 발표했고 북한의 농업을 비롯하여, 광산, 도로, 항만, 여행, 관광 분야에 대한 미국기업의 투자 허용도 발표하였다. 우리도 불원간 닥쳐올지 모를 남북관광 교류에 대비하여 실기하는 일이 없도록 대처하여야 할 것이다.

관광목적지로서의 북한은 지난 반세기 동안 외부 세계와 철저히 차단되어 왔었기 때문에 여행자들에게 신비의 세계로 비춰지고 있다. 따라서 북한이 외국인 관광객에게 개방이 된다면 많은 관광객이 몰려들 것이고 상당 기간 경쟁력이 있을 것으로 보인다.

북한은 세계적인 개방사회의 물결과 북한 내부의 경제적인 어려움 등으로 인해 경제 분야를 중심으로 미약하나마 문호를 개방하고 있다. 관광 분야 역시 국제관광의 외화 획득 효과에 치중하여 변화가 감지되고 있는데, 금강산 관광 개방, 특정 지역의 외국인 관광 전용 구역의 설정, 평양외국어 대학 등에서의 관광종사원 양성, 나진·선봉 자유경제 무역지대에 대한 무사증 제도 실시 등이 그것들이다. 북한은 또한 매우 작은 규모이기는 하지만 일본, 중국, 홍콩, 대만 등에서 관광객 유치 전담 여행사를 지정하고 유치 설명회를 개최한 적도 있다. 이러한 변화의 조짐들은 남북정상회담의 후속 조치들과 더불어 급류를 타게 될지도 모른다.

그러나 북한에는 관광객을 유치하는 데 필수적인 공항, 항만, 도로, 철도 등의 사회간접자본과 관광호텔 등 관광객을 수용할 수 있는 관광 인프라가 턱없이 부족한 실정이며, 이러한 북한의 관광 수용태세 개선과 효율적인 해외 관광 마케팅을 위해서는 남한과 국제 사회의 지원이 당분간 필요할 것으로 보인다.

북한에 대한 관광 인프라 지원은 공항 등의 관광객 접근 시설은 물론 호텔, 음식점, 관광 안내 시설을 포함하여야 하며, 남한의 민간 자본 및 정부 예산의 직접적인 투자와 세계관광기구(WTO), 아시아 태평양관광협회(PATA), 유엔개발계획(UNDP) 등 국제기구의 기술적, 재정적 지원을 유치 또는 유도하는 방법이 있을 수 있다.

북한의 해외 마케팅 지원은 관광선전 간행물 발간, 관광종사원 양성, 남북연계 공동 관광상품의 개발과 월드컵 등 메가 이벤트의 분산 개최 등을 들 수 있다.

북한 당국 역시 민간항공의 독립성 및 여객선 기항 보장, 남북한 연결 철도와 도로의 복구 등 현실적으로 실현 가능한 분야에 대한 적극적인 태도 변화가 있어야 할 것이다.

또한 남북한 공동 마케팅을 위해서는 남북한 관광사무소의 교환 설치가 필수적인데, 특히 남북한 간의 초기 교류가 비정치 분야부터 시작될 것임으로 남북관광사무소는 관광 관련 협력은 물론 비자, 여행증명서 발급 등의 정부 간 역할을 일부 수행할 수 있을 것이다.

최근 비인기 지역으로 남아 있던 캄보디아, 라오스, 베트남 등에 대한 구미 지역 관광객들의 급증하는 관심에 비추어 볼 때 북한 지역을 매개로 하는 한중일 연계 상품은 구미시장 관광객들에게 가장 인기 있는 상품이 될 수 있을 것이다.

남북한은 이러한 한반도 관광마케팅 환경의 변화에 대비하여, 한중일 관광마케팅 기구의 창립을 적극적으로 주도, 관광목적지로서의 한반도가 중국, 일본과 함께 동반 성장할 수 있는 기반을 조성하여야 할 것이다. <2000. 7. 6>

이름이 두 개인 공항

지난 1992년 첫 삽을 뜬 인천국제공항이 그 웅장한 모습을 드러내 세계 시장을 향해 비상하였다. 인천국제공항은 건설을 위해 1단계 공사에 투입된 사업비만도 5조 원 이상이나 되며 민자를 합치면 7조 원을 상회하는 세기말과 세기초를 연결하는 국내 최대 토목공사의 하나이다. 우선 활주로 두 개만으로 개장하는 인천국제공항은 2020년에 완공되면 네 개의 활주로에 연간 53만 회의 항공기를 운

항해 1억 명의 여객과 700만 톤의 화물을 처리할 수 있게 된다.

인천국제공항이 허브 역할을 하게 될 아·태 지역의 항공 수요는 최근 6년 간 그 증가율이 연 평균 10.8%로서 세계 항공 수요의 두 배나 되며, 2010년까지는 세계 항공 수요의 약 50%에 해당하는 3억 9천만 명에 이를 것으로 전망되고 있다.

인천국제공항은 비행거리 3.5시간 내에 인구 100만 명 이상의 도시 43개를 끌어안는 충분한 항공 수요, 연간 10%를 상회하는 아·태 지역의 항공 수요 증가율, 그리고 최첨단 시스템 공항시설의 24시간 운영 등으로 인하여 인근의 경쟁 공항인 일본의 간사이, 홍콩의 첵랍콕, 상해의 푸동 공항에 비해 우위의 경쟁력을 갖게 될 것으로 보인다.

그런데 얼마 전 서울의 한 일간지는 영종도 신공항의 명칭을 '김구 공항'으로 하자는 한 재미 교포의 서명 운동을 보도한 적이 있다. 영종도 신공항의 명칭은 그간 많은 논란을 거쳐 인천국제공항으로 확정된 바 있다. 신공항의 명칭은 심의 과정에서 인천으로 할 것이냐 아니면 서울, 세종 등 다른 명칭으로 할 것이냐를 놓고 의견이 분분했었던 것으로 전해지고 있다. 이렇듯 명칭 결정 과정에서 많은 사람의 의견이 엇갈리고 대립되었다면 이를 슬기롭게 해결할 수도 있었으리라고 본다. 그것은 새 국제공항의 이름을 복수로 하는 발상의 전환이다. 국제공항의 명칭을 복수로 한 예는 이탈리아 로마의 관문인 퓨미치노 공항이 있는데, 이 공항은 레오나르드 다 빈치라는 또 다른 이름으로 불리고 있다. 퓨미치노(fiumicino)는 우리의 인천국제공항과 마찬가지로 로마 공항 소재지의 지명이며 레오나르드 다 빈치는 주지하다시피 이탈리아가 낳은 대화가의 이름을 따른 것이다.

우리의 영종도 국제공항도 공식 명칭은 인천 또는 서울로 하더라도 별명으로 세종, 김구, 이승만, 박정희 등 중에서 선택한다면 좀 더 다양한 의견을 수렴할 수 있을 것이고 인지도와 마케팅 면에서도 우위를 점할 수 있을 것이다.

세계의 유수 도시들은 여행목적지로서의 인지도를 높이기 위해 각별한 노력을 기울이고 있다. 외래 관광객을 많이 유치하기 위해서는 자기 도시로의 비행기 취항이 필수적이지만 그렇지 못한 경우도 많다. 그래서 많은 도시들은 인접 도시의 공항 이름을 공유하여 자기 도시를 홍보하고 있다. 아메리칸 항공의 허브인 미국 텍사스의 달라스 / 포트스(Dallas / Fort Worth)공항이 그 대표적인 예이고 이 밖에

워싱턴 근교의 볼티모어 / 워싱턴(Baltimore / Washington)공항, 시애틀
－타코마(Seattle－Tacoma)공항, 랄리－더햄(Raleigh－Durham)공항과
일본 센다이 인근의 오오다께 / 노시로 공항과 후쿠오카 인근의 야마
구치 / 우베 공항, 영국의 리즈 브레드포드(Leeds Bradford)공항, 독일
의 쾰른 / 본(Koeln / Bonn)공항 등이 그것들이다. 유네스코가 지정한
문화유산을 가지고 있는 세계적 관광도시인 우리의 경주도 공항이
따로 없어 관광목적지로서의 효과적인 마케팅에 아쉬움이 많다. 그
래서 경주에 인접하고 있는 울산이나 포항 공항을 울산 / 경주 또는
포항 / 경주 공항으로 하자는 좋은 아이디어가 추진되고 있었는데 어
디로 실종되었는지? <2000. 8. 3>

한강을 팔자

통계에 따르면 우리나라를 방문하는 관광객의 87%가 서울만을 방
문하고 이들은 기껏해야 사흘이나 나흘 밤을 서울에서 체제하며 그
나마 낮에는 정신없이 바쁘게 지내야 하는 상용 여행자들이 대부분
이다. 서울 방문자의 대부분이 상용 여행자라는 사실은 이들이 저녁
시간이나 되어서야 관광과 여흥을 즐길 수 있다는 얘기다. 이들 외
국 여행자들이 서울에서 사흘이나 나흘 밤을 묵으며 즐길 수 있는
선택은 과연 얼마나 될까? 먼저 떠오르는 것이 강남의 불고기·갈비
집들이나 한식집, 전통 공연장 한두 군데, 인사동 거리와 이태원, 동
대문과 남대문 시장 등으로서, 이런 정도의 관광과 여흥은 하루나

이틀 밤으로 족하게 되어 있다.

암사동 한강변 조경계획

　　외래 관광객들이 김포공항을 내려 서울로 진입하면서 제일 먼저 마주치는 서울의 명물은 아마도 한강일 것이다. 세계의 많은 도시들을 여행해 보아도 서울의 한강만큼 그 규모가 장대하면서 늘 푸른 모습으로 늠름하게 흐르는 강은 많지 않다. 뉴욕에는 허드슨 강과 이스트 리버가 있지만 강이라기보다는 대서양의 일부인 바다에 가깝다. 워싱턴 D. C를 관통하고 있는 포토맥 강은 그 규모에 있어 한강과 비교의 대상이 아니다. 하지만 프랑스 파리의 세느 강, 영국의 테임즈 강, 로마의 테베레 강 그리고 동부 유럽을 종단하는 다뉴브 강 등은 그 규모와 관광 자원성에서 한강과는 비교도 안 되지만 이 강들을 훌륭한 관광상품으로 개발하여 뭇 여행자들의 동경의 대상이

되게 하고 있다. 이탈
리아의 베네치아가 유
명한 이유는 해상도시
로서의 매력도 매력이
지만, 인공적으로 조
성한 운하 변에 널려
있는 카페·레스토랑
과 운하 사이를 오가

한강 둔치의 공연시설 조감도

는 곤돌라가 연출하는 낭만적인 분위기 때문일 것이다. 특히 해가
진 후 운하 변에서 이탈리아 특유의 섬세한 조명과 테이블 세팅을
배경으로 관광객들이 담소하고 있는 광경은 베네치아 관광의 백미가
아닐 수 없다.

　우리의 한강에도 오래전부터 유람선이 오르내리고 있고 최근에는
한강나룻배, 황포돛배를 띄운 압구정 문화축제를 개최한 바 있으며
중국 등의 불꽃놀이 팀이 참가한 세계불꽃축제가 한강변 서울 하늘
을 수놓아 서울 시민들을 열광시킨 적이 있다. 서울시는 또한 일부
한강 다리를 조명하여 한강의 야경을 연출하고 있고, 월드컵 개최에
맞추어 대형 분수도 설치하고 서울 올림픽이후 흉물로 방치되고 있
던 올림픽대교의 조형물도 곧 설치할 것이라 한다. 그러나 중요한
것은 이렇게 한강과 한강 둔치에서 정기적 또는 부정기적으로 열리
고 있는 축제들과 조형물들을 어떻게 상품화해서 관광객들을 유치할
수 있느냐는 것이다. 어떤 도시를 방문하면 여행자들이 호텔에서 여
장을 풀자마자 달려가는 곳이 있다. 이스탄불의 쿰카피(kumkapi)나

베이욜루(bayogly), 싱가포르의 보트 키(boat quay) 등이 그런 곳들이다. 한강을 쿰카피나 보트 키와 같은 명소로 만들기 위해서는 황포돛배 등의 전통선박을 축제 기간에만 띄울 것이 아니라 유람선으로 상설, 운영해야 하고 불꽃놀이 역시 정례화해서 관광 상품화해야만 한다. 한강 관광 상품화에서 무엇보다 중요한 것은 한강 자체를 상품화하는 것으로 한강변에 카페와 음식점 등의 먹을거리 공원을 조성해서 서울을 방문하는 내·외국인 방문객들에게 즐거움을 선사할 수 있어야 한다. 이렇게 하기 위해서는 한강 다리의 디자인과 도색, 야간 조명, 분수 시설 등에 대해 관광 상품화 측면에서의 종합적인 검토가 이루어져야 한다. 한강변에 조성된 카페와 식당가에서 유유히 굽이치는 한강을 바라보며, 때로는 전통 유람선을 때로는 불꽃놀이와 시원한 분수가 연출하는 무도회를 구경하면서 하루저녁을 즐길 수 있다면 한강은 서울을 찾는 여행자들에게 잊지 못할 추억을 안겨줄 수 있는 명물로 거듭 태어날 수 있을 것이다. <2000. 12. 7>

경복궁 광장

세계의 유명 도시들을 여행하게 되면 먼저 안내되는 곳이 있다. 그것은 그 도시 또는 나라의 관광을 대외적으로 대표할 수 있는 얼굴들로서, 이를테면 로마의 스페인 광장이나 나보나 광장, 베네치아의 산마르코 광장, 파리의 샹젤리제 거리, 뉴욕의 타임스 스퀘어나 워싱턴 광장, 런던의 트라팔가 광장, 그리고 중국의 천안문 광장 등이 그것들이다. 로마의 나보나 광장은 주변의 고색창연한 바로크식 건물과 산타아네제 성당, 그리고 거장 베르니니의 장대한 조각품이 떠받치고 있는 오벨리스크 등의 걸작과 건물들이 주변의 분위기 있는 카페, 레스토랑과 어우러져 여행자의 발길을 얼어붙게 한다. 나보나 광장 주변 카페에서의 카푸치노 한 잔이나 이탈리아 토스카나 산의 와인 한 잔을 즐기며 무명 화가들의 습작과 거리 악사들의 연주를 한가롭게 지켜보는 것만으로도 여행자들의 객고를 풀기에 충분한 풍경이다. 베네치아의 산마르코 광장은 늘 비둘기 떼들이 평화롭게 여행자들을 맞이하고, 주변 카페는 라이브 음악의 감미로운 선율로 관광객들을 유혹하고 있다. 강렬한 햇살로 눈부신 순금의 산마르코 사원, 베네치아 공국의 왕궁과 정청(政廳)의 빛바랜 대리석 건물을 배경으로 짙은 에스프레소 한 잔을 즐기기 위해 수백만 명의 관광객이 매년 베네치아를 찾고 있다.

우리의 수도 서울도 600년 조선 왕조를 품었던 고도(古都)의 면모를 잘 활용하기만 한다면 나보나 광장이나 산마르코 광장 이상의 멋진 관광 명소를 연출해 낼 수가 있을 것이다. 그것은 바로 세종로와 경복궁을 연결해서 경복궁 광장을 조성하는 것이다.

경복궁 광장을 관광 한국이나 서울의 상징으로 연출하기 위해서는 세종로를 보행자 전용 프로미나드로 조성해서 자동차 통행을 금지하고 중앙분리대와 분리대 중앙에 위치한 이순신 장군 동상을 철거하든지 위치를 옮겨야 한다. 광화문 거리와 세종로의 자동차 통행은 지하 차도를 만들어 소통시키되 지하 차도의 진·출입 도로는 가급적이면 조성되는 경복궁 광장과 멀리 떨어지게 위치시켜, 새로 조성되는 경복궁 광

광화문광장 조성 조감도

장의 분위기를 방해하지 않도록 하여야 한다. 현재의 광화문 역시 철거해서 새로 신축하고 있는 국립박물관의 정문으로 활용하든지, 아니면 다른 위치로 이전하여야 한다. 광화문 철거에 대해서는 거부감이 만만치 않을 것이나 구조선총독부 건물이자 중앙청이었던 중앙박물관도 헐어낸 만큼 발상의 전환이 필요하다고 본다. 광화문 광장이 서울의 명물이 되기 위해서는 탁 트인 세종로 광장에서 경복궁 근정전을 바로 바라볼 수 있어야 하기 때문이다. 그렇게 하기 위해서는 경복궁 담장도 모두 철거하거나 격자형 철책으로 바꾸어 설치하여야 한다. 새로 조성될 경복궁 광장에는 분수대, 놀이마당, 조각 공원, 야외 찻집, 공연장, 전통 저자거리 등을 설치하여 우리의 전통·문화의 향기가 배어나게 하여야 한다. 이렇게 함으로써 경복궁과 광화문 광장을 서울 시민에게 돌려줄 수 있고 외래 관광객 유치에도 크게 기여할 수 있을 것이다.

근정전을 마주하고 있는 시원한 광화문 광장에서 한가롭게 노니는 외국인 관광객, 젊은 예술인들의 자유분방한 공연과 이벤트 퍼포먼

스, 시민들과 친근하게 어울리는 비둘기 떼들, 그리고 이러한 장면을
소개하는 관광 브로슈어나 광고 사진이 해외 관광송출 시장에서 배
포되는 모습을 상상하는 것만으로도 필자의 가슴이 설레어 온다.
<2000. 6. 1>

여가와 여행문화

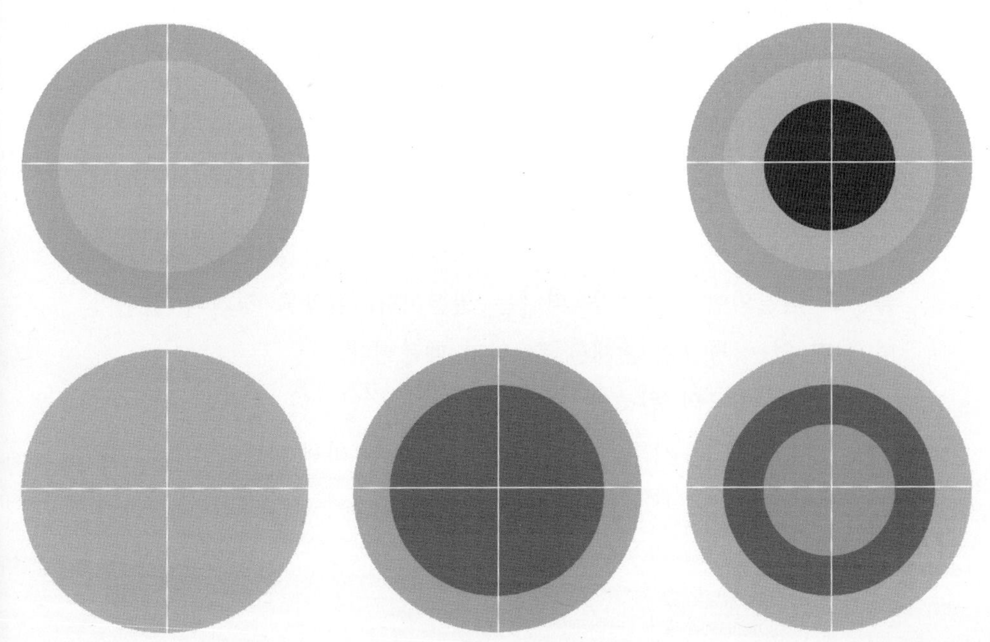

제 3 장

놀이문화와 규칙

2002년 유월 독일월드컵 예선전 스위스와의 경기에서 심판의 오프사이드에 관한 판정은 경기의 흐름을 완전히 반전시켜 우리가 월드컵 예선전에서 탈락하는 결정적 계기가 되었었다. 이 억울한 판정 때문에 국민 모두는 피가 역류하는 것을 느꼈고 그 당장의 혈기로는 심판에게 테러라도 가하고 싶은 심정이었다. 실제로 며칠 전 여자월드컵 예선전 호주와의 경기에서 북한 선수가 심판의 오심에 격분, 심판을 이단 옆차기로 가격하여 국제사회의 따가운 눈총을 받은 일이 있었다. 이 두 경기 모두 심판의 판정은 오심이었다는 보도도 있었지만 오심 여부에 관계없이 심판 폭행의 결과는 경기 몰수나 출장 금지로 귀결되어 경기장을 떠나는 일뿐이다. 심판도 경기의 일부이며 심판 없는 경기는 존재할 수 없기 때문이다.

놀이문화 연구의 원조인 요한 호이징하는 인간의 존재와 행위 양식의 본질을 호모 사피엔스나 호모 파베르가 아닌 호모 루덴스라고 주장하고 있다. 인간의 본질을 지혜나 물리적 기구의 사용 능력이 아닌 놀이로 규정하고 있는 것이다. 즉 놀이는 인간의 본능이라는 것이다. 호이징하는 이러한 놀이의 본질을 두 가지 요소로 정리하고 있다. 첫 번째는 놀이가 실질적인 목적을 추구하지 않고 움직임의 유일한 동기가 놀이 자체의 기쁨만을 추구하는 정신적 또는 육체적 활동이라는 것이다. 두 번째는 놀이란 모든 참여자에 의해 인정받는 일정한 규칙에 따라 진행되는 활동이며 성취와 실패, 이기는 것과 지는 것이 있다는 것이다.

놀이 연구의 또 다른 대가인 로제 카이와는 놀이의 본질을 좀 더 정교하게 다듬어 다음과 같은 여섯 가지의 특징으로 정리했다. 첫째, 놀이는 강요되지 않는 자유로운 활동이며 강요된 놀이는 즐거움을 잃게 된다. 둘째, 놀이는 정해진 명확한 공간과 시간의 범위 내에 한정되는 분리된 활동이다. 셋째, 놀이는 확정되지 않은 활동이다. 게임의 전개가 결정되어 있지도 않으며 결과가 미리 주어져 있지도 않다. 넷째, 놀이는 재화도 부도 만들어내지 않는 비생산적인 활동이다. 놀이하는 자들 간의 소유권 이동을 제외하면 놀이의 결과는 게임 시작 때와 똑같은 상태로 돌아간다. 다섯째, 놀이는 규칙이 있는 활동이다. 놀이는 약속에 따르는 활동으로 이 약속은 일상의 법규를 정지시키고 일시적으로 새로운 법을 확립하며 이 법만이 통용된다. 마지막으로 놀이는 허구적인 활동이다.

로제 카이와는 놀이의 목적달성을 위해 경쟁, 우연, 모의(模擬), 현기증의 네 가지 역할 중에서 어느 것이 우위를 차지하느냐에 따라 놀이를 네 가지 영역으로 분류하였다. 그리스어로 시합이나 경기를 나타내는 아곤, 요행이나 우연을 뜻하는 알레아, 흉내나 모방을 의미하는 미미크리, 소용돌이의 의미인 일링크스가 그것들이다. 카이와는 또한 놀이의 규칙이 적용되는 정도에 따라 완전한 소란 상태인 루두스와 명확한 규율이 적용되는 파이디아로 분류하고 있는데 소음과 교향곡은 루드스와 파이디아의 한 예이다.

놀이의 관건은 심판의 판정이 설사 부당하다 해도 그것을 인정하는 데 있다. 아곤, 즉 경쟁의 타락은 심판과 판정이 모두 무시되는 곳에서 시작되기 때문이다. 엄격한 룰이 적용되는 스포츠가 타락하면 폭력이 되고 운의 순수한 영역인 복권과 경마가 타락하면 미신이나 점성술이 횡행하게 된다. 카니발, 즉 축제가 타락하면 광란이 되고 스피드나 감각을 광적으로 추구하다 보면 결국 알코올이나 마약 중독으로 이어져서 자신은 물론 공동체 전체를 붕괴시키게 된다.

비즈니스와 인간관계는 법과 규범 그리고 상식에 의해 영위되고 있다. 호이징하가 주장한 대로 인간 존재의 본질이 놀이라면 인생살이나 기업의 운영에서 지나친 승부욕과 이해관계의 유혹과 집착으로 규칙을 위반하는 것은 결국 놀이판 자체의 파괴를 의미한다. 최근 여행업계 일각에서 고개를 들고 있는 약속과 규칙의 위반은 결국 업계 전체의 붕괴로 이어질 수밖에 없다는 점을 강력히 시사하고 있는 대목이다. <2006. 8. 7>

놀이의 재발견

사람들은 왜 놀이를 할까? 사람들은 왜 여행을 다니며 게임과 내기에 몰두하는 것일까. 놀이는 먹고 일하는 것만큼이나 인간의 삶에서 중요한 비중을 차지하고 있다. 따라서 놀이의 속성을 정확히 이해하는 것은 행복한 인생의 첩경이자 놀이와 여행 프로그램을 준비하는 사람들에겐 필수적인 요소다.

사람들은 무엇인가 결핍을 느끼면 일을 하지만 결핍상태가 해소되거나 풍족해지면 이내 놀이를 즐긴다. 이런 현상은 동물에게도 그대로 적용된다. 놀이 전문가 호이징하는 인류의 모든 문화는 놀이에서 발생했다고 주장한다. 다시 말해서 놀이가 문화에서 파생되거나 문화의 한 요소가 아니라 오히려 문화가 놀이에서 파생되었다는 주장이다. 모든 문화는 그 기원에서 놀이 요소가 발견되며, 인간의 공동생활 자체가 놀이의 형식을 가지고 있기 때문이다. 어떤 의미에서 인간은 놀이를 통하여 인생관을 표현하고 있다고 할 수 있으며 세계의 모든 문명은 놀이를 떠나 존재하는 법이 없다.

놀이는 오랫동안 시간의 낭비이자 비교육적인 활동으로 치부되어 왔지만 어린이나 동물에게는 놀이가 오히려 교육적이라는 사실이 밝혀졌다. 플라톤은 놀이가 성인 활동의 모방이기 때문에 아이들한테 놀이를 시켜야 한다고 했다. 지당한 지적이다. 어린이의 놀이는 어린이의 삶을 해방시켜주고, 다스리고, 스스로를 재발견하게 하는 세계를 만들어 주는 교육적인 기능을 가지고 있기 때문이다.

아이들의 놀이와 동물의 놀이는 매우 유사한 측면이 있다. 아이들이나 동물에게 놀이는 힘의 과잉과 관계가 있으며 성인이 되어 행할 행동에 대한 연습의 역할이기도 하다. 동물의 놀이는 생존과 직결된 사냥의 연습이며 아이들의 놀이는 성장과 발육에 필수적인 과정이다.

놀이는 본질적으로 실제적인 목적을 추구하지 않으며 움직임의 유일한 동기가 놀이 자체의 기쁨인 정신적 또는 육체적 활동이다. 놀이는 또한 모든 참여자에 의해 인정된 일정한 규칙에 따라 진행되는 활동이며 성취와 실패, 이기는 것과 지는 것이 있다.

놀이는 창작적인 면에서 예술과도 상통한다. 예술도 놀이와 마찬가지로 특별한 목적 없이 이루어지며 모든 예술은 모방 현상과 긴밀히 연결되어 있다는 점에서 놀이와 유사하다. 놀이는 일정한 규칙 속에서 행해진다는 점에 있어서 종교와 일맥상통하는 측면도 있다. 놀이는 종교와 마찬가지로 공간과 시간의 동질성을 파괴시키며, 놀이 참여자들을 일상생활과 단절시켜 자기만의 패쇄적인 세계로 빠져들게 한다.

축제, 투기, 경기는 경연, 공연, 전시, 겨룸, 우쭐거림, 뽐냄, 치장, 겉치레, 규칙 등 놀이의 특징을 가지고 있다는 점에서 놀이의 다른 모습들이다. 놀이는 경기의 형식을 갖는 경우가 많다. 경기의 형식을 갖는다는 의미는 대립과 승부가 동반되며 승리를 전제로 놀이가 이루어진다는 의미이다. 심지어는 전쟁도 놀이의 일부라는 주장을 펴는 사람들도 있다. 상(prize), 가격(price), 칭찬(praise)의 영어 단어가 닮은꼴이라는 것은 놀이의 경기적 성격에 관해서 매우 시사적이다. 상이나 칭찬은 감행, 모험, 불확실성 그리고 긴장에 대한 감수의 대가로 주어지게 된다.

여행과 관광은 놀이의 연장선상에 있다. 대부분의 여행과 관광은 이미 놀이 동기로부터 출발하는 것이지만 여행상품을 기획할 때 놀이 욕구를 어떻게 반영하느냐는 상품 판매의 성공 여부를 결정하는 관건이 될 수 있다. 이런저런 이유로 무료한 나날인 요즈음 여행을 떠나 신나는 놀이에 몰입해 보고 싶다. <2008. 3. 17>

웰빙의 참뜻

전문가들이 말하는 21세기 키워드는 컴퓨터, 인간복제 그리고 환경이다. 이 단어들은 인류의 미래에 긍정적이든 부정적이든 어마어마한 영향을 끼칠 것들이기 때문이다. 우리네 평범한 사람들의 일상생활에도 환율, 부동산, 주식과 같은 큰 틀의 지수들이 하루아침에 우리의 운명을 뒤흔들어 놓을 수 있음에도 불구하고 몇 백만 원의 봉급과 저축에 매달려 이웃들과 아옹다옹하며 살아가고 있다. 21세기 키워드들이 우리의 운명을 송두리째 흔들어 대든 말든 사람들은 자기 주변의 환경에만 관심을 갖고 살아가고 있는 것이다. 요즈음 우리 주변에서 이런 현상을 가장 잘 대표하고 있는 키워드가 웰빙이라는 단어일 것이다. 웰빙 다이어트, 웰빙 아파트, 웰빙 식생활, 웰빙 잠자기 등 모두 건강과 관련된 것들이며 식탁은 물론 패션에까지 웰빙 바람이 휩쓸고 있다.

웰빙은 글자 그대로 건강하고 안락하며 만족한(well) 인생(being)을 살자는 의미로서 삶의 질을 강조하는 용어다. 국내에 웰빙이라는 단어가 사용되기 시작한 것은 외국 라이선스 계열 여성 잡지들이 미국 등지에서 불고 있는 라이프스타일을 앞 다투어 소개하면서부터이다. 당초 우리나라에 소개될 때 웰빙족이라는 말은 물질적 가치나 명예를 얻기 위해 앞만 보고 달려가는 삶보다 건강한 신체와 정신을 유지하는 균형 있는 삶을 행복의 척도로 삼는 사람들을 의미하는 것이었다. 그러나 웰빙이라는 말이 국내에 상업적 유행으로 번지면서 요가, 스파, 피트니스 클럽을 즐기며 값비싼 유기농 재료를 사용한 음식만을 선호하는 등 물질적 풍요, 고급화, 건강과 미용에 대한 과도한 집착 등으로 그 의미가 왜곡되고 있다. 웰빙의 정신적 측면은 가려지고 물질적 풍요만 강조되면서 웰빙이 추구하던 생활방식과 이념의 본말이 전도되고 있는 것이다.

원래 미국에서의 웰빙은 반전운동과 민권운동 정신을 계승한 시민들이 첨단 문명에 대항해 자연주의, 뉴에이지 문화 등을 받아들이면서 파생된 삶의 방식으로 부각된 것이다. 영어의 'Well-being'이란 말의 유래는 60∼70년대 미국 히피이즘과 연관성이 있다는 분석이 지배적이다. 웰빙의 대표적 문화 코드인 요가나 명상은 6, 70년대의 히피족, 80년대의 여피족 그리고 90년대 보보스족의 라이프스타일에도 커다란 영향을 끼쳐왔다. 이들은 물질적 가치에만 매달리던 기성세대와는 달리 개인주의적 가치관을 바탕으로 정신적·육체적으로 건강하고 안락한 삶을 추구했기 때문인데 웰빙은 이처럼 단순히 잘 먹고 잘 사는 인생을 뜻하는 것이 아닌 정신적으로 풍요롭고 육체적으로 건전한 삶으로 이해해야 한다. 이런 이유로 웰빙족은 생선과 유기농 식품을 먹고, 가정에서 만든 슬로우푸드를 선호한다. 동시에

요가, 피트니스, 단학 등을 통해 몸과 마음의 건강을 추구한다. 이와 같이 웰빙은 신체와 정신의 건강을 행복의 모티브로 삼는 의식주 전반에 걸친 사고로서 물질적인 부와는 거리가 있는 개념이다. 웰빙이 지향하는 것이 정신적 건강과 물질에서의 자유라는 것만을 보더라도 웰빙을 추구하면서 굳이 돈으로 사치를 부린다는 것과는 전혀 다른 개념이라는 것을 알 수 있다.

오도되고 있는 웰빙 바람이 단순히 물질적인 풍요만을 추구하는 것이 아닌 영적, 정신적 체험과 신체적 건강이 균형을 이루는 본래의 지향으로 되돌아가서 부와 사치의 과시가 아닌 우리네 보통사람들의 인생을 윤택하게 할 수 있어야 한다. <2005. 7. 25>

경회루와 명전전 만찬 행사에 관한 논란

세계신문인협회(WAN) 참가자들을 대상으로 한 창경궁 명전전에서의 만찬 행사로 주최 측과 참가자, 그리고 주무관청인 문화재청 등이 여론의 몰매를 맞고 있다. 작년 이맘때엔 힘 있는 검사들의 모임에 문화재청이 경회루에서 파티를 열게 해 주어 이번과 유사하게 여론의 질타를 받은 기억이 아직도 생생하다.

이 두 행사가 여론의 무차별 공격을 받고 있는 이유는 크게 세 가지로 요약될 수 있을 것이다. 첫째는 행사가 벌어진 장소가 보호, 보존되어야만 하는 문화재라는 것이고, 두 번째는 왕족들의 전유물이었던 경건한 궁궐에서 감히 일반인들에게 술 먹고 담배 피우게 한

것은 예의범절과 법도에 크
게 어긋난 일이라는 것이다.
그러나 아마도 이 두 가지보
다 훨씬 더 큰 이유는 힘 있
는 기관인 검사와 무소불위
의 언론에게만 특혜를 베풀
었다는 특권층에 대한 상대
적인 박탈감이 여론을 들끓
게 한 것이라고 본다.

경회루의 이벤트

　서울의 대표적인 역사 유물인 두 궁궐을 그동안 일반인에게는 접
근조차 금지해오다가 방귀깨나 뀐다는 사람들을 위해 불 피우고, 술
마시고, 담배 피우게 했으니 민초들로서는 당연히 피가 역류할 만큼
분노할 일이다. 이런 의미에서 관계 당국인 문화재청은 비난을 받아
마땅한 일일 것이다. 하지만 문화재청이 이번 일을 허가한 이유는 그
들이 특권층이기 때문이라기보다는 우리나라 고궁의 아름다움과 문화
의 우수성을 참석한 유수 언론인을 통해 세계에 널리 알리기 위한
것이었다고 한다. 단 한 명의 영향력 있는 언론인을 활용하기 위해
비행기 삯은 물론 체재비 일체까지를 부담하고 관광 상품을 홍보해
야 하는 것이 관광 당국의 입장이다. 이런 뜻에서 막강한 영향력을
가지고 있는 수백 명의 언론계 CEO들이 제 돈쓰며 서울까지 와 한
자리에 모인 기회를 활용하지 못한다면 당국으로서는 오히려 직무유
기가 될 수 있는 것이다. 따라서 이런 절호의 기회를 이용해 이들에
게 궁궐에서 잔치를 베풀었다는 것은 한편으로는 너무도 당연한 조

치인 것이다. 다만 행사 진행 방법에서는 일부 문제가 있었다고 본다. 목조건물인 궁궐과 경회루에서 불을 피워 음식을 대접한 것이라든지, 문화재 안에서 담배를 피우게 한 것 등은 분명히 잘못된 것이다.

그러나 아무리 보호 · 보존되어야 하는 문화재라고 해도 이를 적절히 활용하지 못하는 것은 문화재를 올바로 대하는 방법이 아니라고 본다. 따라서 문화재를 적절히 활용하되 문화재 보호에 피해가 가는 방법은 절대로 허용해서는 안 될 것이다. 궁궐이나 경회루에서 음식을 대접하여 참가자들에게 좋은 인상을 주는 것은 바람직한 문화재 활용방법으로 권장되어야 할 것이나 불을 지피거나 담배를 피우는 등의 문화재를 손상시킬 수 있는 행위는 당연히 금지되어 마땅하다. 또한 장소를 검사나 언론인 등 특권층에게만 제한적으로 허가하기보다는 문화재청이 내규를 만들어 기준에 맞는 단체에게 일정한 조건을 두어 행사를 허가한다면 문화재 보호와 우리 문화의 우수성을 홍보하는 두 마리 토끼를 함께 잡을 수 있을 것이다.

외국의 경우를 보더라도 유엔과학문화기구(UNESCO)가 정한 역사 · 문화유산이나 천연보호자원인 동굴에서 국경일에 외교관 등의 손님을 청해 파티를 베풀거나 콘서트를 여는 것은 흔히 있는 일이다. 다만 우리나라의 경우 그런 접대 문화에 일반인들이 아직 익숙해 있지 않은데다가 주무 관청에서 이런 행사를 선별적으로 허가하는 데 따른 부작용과 거부감이 훨씬 더 큰 문제라고 본다.

여론 역시 문제가 많은데 최근 독도 관련 발언으로 가수 조영남이 추락한 경우와 국적법과 관련해서 한 가지 잣대만을 가지고 감정적인 여론몰이로 특정인을 매도하는 것은 더불어 살아가는 글로벌시대에 결코 실리적인 일이 아니다. 글로벌 환경에서 다른 나라들과 어깨를 나란히 하려면 민감한 문제들에 관한 다양한 의견들이 아무런 제한 없이 분출되고 또 수렴될 수 있어야만 한다. <2005. 9. 26>

한일관계 씻김굿 월드컵

월드컵 경기가 한창일 때 인터넷 카페에 일본을 비난하는 한 학생의 글이 올랐다. 내용을 간추리면 대략 다음과 같은 것들이다.

월드컵 기간 중 관광객은 평소의 1.4%밖에 늘지 않았고 한국으로 와야 할 관광객들이 대부분 일본으로 갔다.

월드컵을 통해 일본은 4억을 투자해 40억을 벌고 우리는 10억을 투자해 11억만을 벌었을 뿐이다. 일본의 수많은 방송사 중에 한국과 미국의 경기를 중계한 방송사는 단 한 곳도 없었다.

우리나라 서귀포 경기장에서의 경기를 호주 방송에서는 두 번씩이나 일본의 서귀포 구장이라고 잘못 방송한 후 단 한 번의 사과도 없었다.

세계 유명 지도사이트의 대부분이 독도와 제주도를 일본 땅이라고 명시하고 있다. 일본의 낭인집단인 사무라이가 명성황후를 시해한 후 시체를 강간하는 시간을 하였다고 알려져 있는 것도 천인공노할 일인데 최근 한 작가가 일본 국회 도서관에서 입수한 '에도 보고서'에 의하면 명성황후는 시간당한 것이 아니고 강간당하였다고 한다.

일본의 낭인 집단은 고종의 무릎을 꿇어앉히고 대원군을 가둔 뒤

명성황후를 찾아 칼로 찌르고 채 숨도 거두지 않은 명성황후를 윤간한 후 불태워 죽였다.

한일회담에서 우리나라가 위안부 문제를 들고 나오면 일본은 쥐꼬리만도 못한 영수증을 가지고 나와서 한국 여자들이 돈을 벌기 위해 위안부를 자청한 것이라고 주장한다.

우리나라 청년들의 강제 징집 문제를 제기하면 일본은 역시 월급명세표

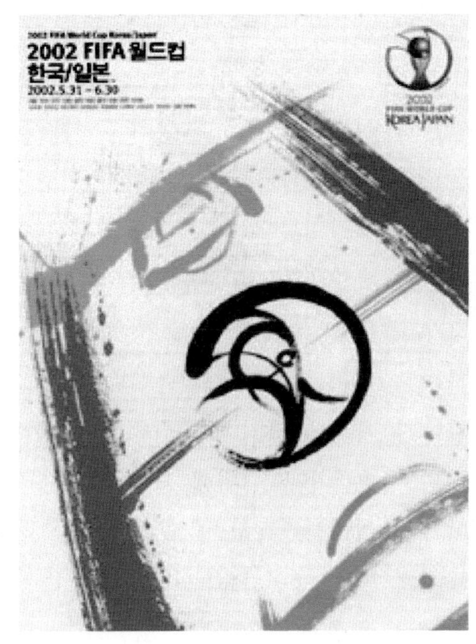

더 가까워져야 할 한·일간의 거리

를 가지고 나와 한국의 장정들이 돈을 벌기 위해 자청해 입대해 전쟁에 나간 것이라고 주장한다.

이 학생의 주장들은 다분히 감정적이어서 상당 부분 사실에 입각해 있다고 볼 수는 없지만 대부분의 한국인들은 이 주장들의 사실 여부에 관계없이 덩달아 흥분하기 십상이다. 물론 우리는 이 학생의 주장처럼 한일 간에 불행한 과거사를 가지고 있다. 그러나 역사는 발전해야 한다고 생각한다.

국가와 국가 사이에도 개인과 개인의 관계에서와 같이 많은 오류, 시행착오 그리고 불행한 일들이 얼마든지 있으며 그것은 한일관계에

만 국한된 것이 아니다.

고려와 원나라의 관계가 그랬고 조선과 청나라와의 관계도 그랬지만 그 시대의 상처를 기억하는 사람들은 없다. 역사는 과거를 디딤돌로 하여 전진해나가는 것이지 뒤로 후퇴할 수는 없는 것이다.

과거를 정리한다는 것은 반드시 가해자만을 통해서 이루어지는 것만은 아니다. 경우에 따라서는 피해자 스스로 정리해야 하고 때로는 그게 훨씬 더 아름다울 수가 있으며 헤쳐진 상처를 효과적으로 치유하는 방법이 될 수도 있는 법이다. 잘잘못 간에 과거지사는 과거지사이기 때문에 과거에 매달려 살 수만은 없는 것이다.

더 좋은 미래를 위해 노력하는 것은 우리 세대에게 주어진 과제이자 사명이다. 특히 일본 압제의 직접적인 경험이 없는 젊은 세대들에게 더욱 그렇다.

유럽 통합을 일찍이 주도한 프랑스의 선각자 쟝 모네는 유럽이 경험했던 백년전쟁, 장미전쟁, 삼십년전쟁 그리고 양차 세계대전과 같은 고통을 근원적으로 제거하는 방법은 유럽을 하나로 묶는 유럽통합밖에는 대안이 없음을 간파하고 전쟁 직후인 50년대부터 이를 줄기차게 주창하여 오늘날 유럽연합의 기틀을 마련하였다.

유럽이 그 많은 전쟁을 그토록 오랫동안 겪어 왔다는 것은 프랑스, 독일, 이탈리아 그리고 영국 등 전쟁 당사자였던 이웃 국가들 간에 우리의 한일관계 이상의 상처들이 있었다는 얘기이고 실제적으로 이들 국가 간에는 아직까지도 많은 앙금들이 남아 있다.

그러나 유럽은 더 이상 과거에 집착하지 않고 유럽연합을 이루어내어 경제적으로 미국, 일본 등과의 경쟁력을 확보하고 있다.

다행히 이번 한국·일본이 공동 개최한 월드컵은 한일 간의 정서적 거리를 많이 좁혀주고 있다. 이번 월드컵의 한일 공동개최가 우리도 일본과의 관계에서 따질 것은 따지되 정리할 것은 정리해서 더 이상 피해의식을 갖지 않는 계기가 되길 바란다.

그래서 우리도 일부 양식 있는 일본 사람들이 교과서 문제 등에서 그랬던 것처럼 특정 사안에 대해 우리의 잘못을 인정하기도 하고 상대인 일본의 주장을 수용할 수도 있어야 하며 이런 일로 해서 모든 국민이 한 사람의 의인을 한결같이 몰매주는 일은 더 이상 없어야 할 것이다. <2002. 7. 5>

블랑카와 세계화

서울의 유수 일간지들은 한국에서 지난 10년 동안 유학생활을 하던 한 터키인 유학생이 한국을 떠나게 된 사연을 일제히 실었다. 한국어를 전공하면서 키운 한국에 대한 사랑이 한국출입국사무소 공무원의 경직성 때문에 깨지게 된 사연이다.

우리나라 사람들의 방한 외국인에 대한 대접은 크게 두 가지의 체류 행태에 따라 현저히 다르다. 하나는 체류 외국인이 서양인이냐 비서양인이냐에 따른 차별 대우이고 다른 한 가지는 방문자나 체류자의 신분이 돈을 쓰러 왔느냐 아니면 돈을 벌러 왔느냐에 따른 차별이다. 최근 20여 년 동안 우리나라의 화두는 88서울올림픽과 2002월드컵을 거치면서 세계화와 국제화였으며 두 메가 이벤트의 성공 이후

기도중인 외국인 근로자(자료 : 경향신문 2004. 12. 29)

세계화, 국제화에 어느 정도의 성과를 자부해왔다고 해도 과언이 아닐 것이다.

그러나 정부의 조사에 의하면 월드컵과 올림픽을 성공적으로 개최했음에도 불구하고 해외에서의 한국에 관한 인지도는 북미주, 서구, 동구와 중화권에서 여전히 낮게 나타난 반면 문화교류 실적이 상대적으로 미미한 아프리카, 중동, CIS 국가 등에서는 높은 것으로 나타나 우리를 놀라게 하고 있다. 이것은 아마도 문화교류가 비교적 많이 이루어진 나라들의 한국에 관한 선입견이 쉽사리 개선되지 않고 있는 반면, 양대 이벤트를 미디어를 통해 간접적으로만 접한 나라들에서는 오히려 한국에 관한 이미지와 인지도가 호의적으로 전달된 결과라고 본다.

이런 조사 결과와 관련하여 정부는 최근 우리 문화를 해외에 올바로 소개하기 위한 여러 가지 프로젝트를 진행 중에 있는데 다양한 문화교류 프로그램의 개발과 해외 주요 도시에 코리아센터를 운영하는 방안 등이 포함되어 있다.

정부가 제시한 문화교류의 원칙은 세계화와 지역 블록화 대세 속에서 방어적 민족문화를 넘어 개방과 소통의 다양한 문화가 공존하는 열린 문화국가를 지향한다는 것이고 특히 역사적, 정치적으로 가장 밀접하게 연계되어 있는 아태 지역과 동북아 지역에서의 연대와 협력을 강화하는 문화교류를 추진하는 것이다.

최근 인기를 끌고 있는 TV 개그프로그램이 있다. 스리랑카 노동자 블랑카의 한국인에 대한 풍자코미디이다. 이 프로그램은 스리랑카 노동자를 빙자하여 외국인에 대한 우리의 대접 행태를 신랄하게 비판하면서 역설적으로 우리의 웃음을 자아내게 하고 있다. 그러나 단순한 개그프로그램으로서 우리에게 웃음을 선사하는 것으로 충분했을 이 프로그램은 주한 스리랑카대사관이 방송사를 대상으로 이 프로그램의 중단을 공식적으로 요청하면서 주한 외국인 노동자 문제를 재조명하게 하고 있다.

우리는 국제화와 세계화를 지향하면서 해외에 많은 돈을 뿌리고 있지만 정작 국내에 체류하고 있거나 여행 중인 외국인에 대한 배려에는 매우 인색한 것 같다. 이를테면 서울에 주한 외국인을 위한 라디오방송 채널 하나가 없는 것이 우리의 현실이다.

거액의 예산을 들여 해외에 코리아센터를 운영하고 각급 대사관에 문화담당관과 문화원을 설치하는 것도 중요하지만 자기 발로 국내에 들어와 있는 외국인들이 우리 문화를 따뜻하게 체험할 수 있도록 배려함으로써 이들이 우리 문화의 전령으로 거듭날 수 있도록 정책적 지원을 아끼지 말아야 할 것이다. <2004. 12. 6>

무슬림 바로알기

여행업계에 핵폭탄급 타격을 입힌 맨해튼 월드 트레이드센터의 9·11 테러, 탈레반과 빈 라덴, 이라크 전쟁 그리고 최근의 윤장호 하사 폭탄 테러 사망, 모두 무슬림을 떠올리게 하는 끔찍한 사건들이다. 이런 일련의 테러들로 인해 사람들은 이슬람, 즉 무슬림에 관해서 본능적인 적개심을 가지고 있다. 그러나 이러한 적개심은 기독교 문화권에 젖은 우리의 편협한 시각과 한계를 반영한 것일 수도 있음을 알아야 한다.

이슬람의 창시자는 모두 아는 바와 같이 마호메트이다. 그러나 이슬람교도들은 마호메트를 이슬람 종교의 창시자가 아닌 예언자라고 부른다. 이슬람교도들에게 마호메트는 아담, 노아, 아브라함, 모세 그리고 예수까지를 포함해 단지 하느님의 메시지를 전한 예언자일 뿐이다. 따라서 마호메트를 신봉하는 이슬람교도들을 마호메트교도라고 불러서는 안 되며 마호메트가 남긴 메시지를 신봉하고 그를 신의 마지막 예언자라고 믿고 있는 무슬림으로 불러야 한다고 주장하고 있다.

마호메트는 서기 570년, 이슬람 성지가 된 사우디의 메카에서 태어나 어려운 환경에서 자라났기 때문에 평생을 문맹으로 지냈다. 마호메트는 결혼하여 아이를 두고 전쟁까지 지휘한 정치인이었지만 어느 날 신의 계시를 받아 예언자가 되었다. 이슬람 경전인 코란은 가브리엘 천사를 통해 마호메트에게 계시한 신의 말씀이며 코란을 신의 말씀으로, 마호메트를 신의 예언자로 믿는 사람들을 무슬림이라고 부른다. 무슬림들은 알라 외에 신은 없다고 믿고 마호메트는 알라의 사도라고 확신하고 있다. 무슬림은 또한 모든 인간은 동등하다고 믿으며 세상 모든 만물은 신의 것이므로 아무도 세상 것들에 대해 절대적인 권리를 주장할 수 없다고 믿는다.

무슬림은 신과 신의 피조물 사이에 아무런 매개체도 인정하지 않기 때문에 교회나 성직자도 없다. 인간을 포함해 지구상의 모든 피조물은 신의 위탁물임으로 완전무결하게 보존되어야 하고 훼손하는 경우 신에게 책임을 져야 된다고 믿고 있다.

이슬람에서는 정의라는 뜻의 아디가 최상의 가치이다. 무슬림교도들은 주어진 사명에 따라 정의롭게 살아가야 할 의무가 있으며, 부모님과 어른을 공경해야 하고 자녀들에게는 사랑과 애정을 공평하게 베풀어야 하며, 배우자에게는 정직하고 충실해야 한다고 믿고 있다.

이슬람 극렬 테러의 대명사로 통용되고 있는 자하드는 본래 자신을 상대로 한 인도받은 투쟁이라는 의미이다. 즉 자아, 탐욕, 욕망과의 싸움을 의미하는 것인데 공동체의 경우 억압과 공격에 대항하는 투쟁을 포함할 수 있기 때문에 오늘날 성전의 의미로 오용되거나 왜곡되고 있다. 자하드는 결코 먼저 공격을 하거나 영토를 확장할 목적으로 감행하는 전쟁을 용납하지 않는다. 자하드는 무고한 사람, 여자, 아이들, 무장하지 않은 사람들을 공격하거나 재산, 환경, 타 종교의 예배 장소를 파괴해서는 안 된다는 맹세를 한 후 방어적인 전쟁만을 수행할 수 있을 뿐이다. 이스탄불의 성소피아 사원이 십자군전쟁 등에도 불구하고 원형 그대로 보존된 것은 바로 자하드 때문이다.

이슬람은 이슬람만이 유일한 신앙이라고 주장하지 않는다. 이슬람은 이 세상의 모든 종교가 진실을 추구한다고 보기 때문에 다른 종교의 믿음, 가르침, 제도를 존중한다. 이슬람 문화권의 모든 비이슬람인들은 자신들의 신앙과 제도를 가지고 살아갈 수 있으며 이슬람은 진리, 권력, 부, 지식의 독점을 거부하고 이슬람을 강요하거나 권위적인 방법으로 전파하지 않는다.

이슬람문화는 '천일야화', '아라비안나이트'의 문학을 꽃 피운 모태이며 아라비아 숫자로 대변되는 수학, 기하학의 산실이고 갈릴레오보다 오백 년 전에 지구의 자전을 밝혀내고 지구 원주를 측정하기도 했다.

여행과 관련해서도 이슬람문명은 커다란 공헌을 했는데 이슬람 과학자들에 의해 위도와 경도가 표시된 해도와 지도가 최초로 개발되었는가 하면 이슬람인 이븐바투타의 여행기는 세계 최초의 것으로 알려지고 있다. 무슬림에 의해 촉발된 여행이 인류의 편견과 오해의 벽을 하루빨리 허물어 지구촌을 진정한 평화의 길로 인도할 수 있길 기원해 본다. <2007. 3. 12>

노래방과 블랙타이

지난해 말 전국의 컨벤션단체를 어우르는 컨벤션네트워크숍이라는 생소한 이름의 행사가 제주에서 열렸다. 불과 20여 년 전인 1980년대 중반까지만 해도 컨벤션 불모지나 다름없던 우리나라가 2005년의 경우 국제협회연합(UIA)기준의 국제회의 185건을 개최해 세계 17위 국가로 도약하는 장족의 발전을 이뤘다. 특히 아시아 국가로는 우리나라가 전통적으로 컨벤션 강국으로 불리던 홍콩과 싱가포르를 제치고 중국에 이어 아시아 2위국으로 부상했음은 물론 단위 도시별로는 서울, 부산, 제주가 상위 10위권 주위에 진입하는 쾌거를 이뤘다. 컨벤션산업의 이러한 괄목할 만한 발전은 지난 20여 년간 정부의 강력한 컨벤션 정책과 재정적 지원, 지방자치단체의 컨벤션산업 육성과 유치를 위한 강한 의지, 그리고 관련 업계의 전문적인 노력이 빚어낸 결정체이다. 그러나 이런 눈부신 발전과정의 이면에는 부작용도 적지 않은데 일부 지방자치단체 장들의 선거용 전시행정이 빚어낸 지방의 무부별한 컨벤션시설 건립으로 인해 우리나라 컨벤션산업의 전반적인 수요 증가에도 불구하고 컨벤션시설의 공급과잉을 초래하고 있는 것이 한 예이다. 98년도에 서울의 COEX 한 개소에 불과하였던 우리나라의 컨벤션센터가 10년 만에 전국적으로 7개소로 늘어난데 이어 인천 송도 등에 추가로 컨벤션센터의 개관을 앞두고 있기 때문이다. 이러한 공급과잉은 지방 컨벤션센터의 컨벤션 유치 경험 부족에 따른 경영실적 악화와 맞물려 컨벤션센터의 가동률을 낮추어 결국 우리나라 컨벤션산업 전반에 심각한 타격을 입히고 있다.

  그러나 이번 행사에는 컨벤션네트워크숍이라는 행사 이름에 걸맞게 전국의 컨벤션 관련 산업협회·컨벤션연구원·컨벤션학계·컨벤션뷰로·컨벤션센터·컨벤션기획가·컨벤션서비스회사 그리고 여행사 등 컨벤션 관련 인사와 기관들이 대거 참가해 한국컨벤션산업의 발전을 실감케 하는 자리였다. 특히 우리나라 컨벤션산업의 국제적 영향력 증대에 따라 UIA 벨기에 본부의 고위 당국자가 방한해 세계 컨벤션산업의 동향을 직접 설명한 것도 우리나라 컨벤션산업의 달라진 위상을 실감케 한 사례였다.

무엇보다도 우리나라는 1980년대 이후 올림픽과 월드컵 등의 메가 이벤트를 성공적으로 개최하면서 컨벤션 운영 면에서 괄목할 만한 발전을 이뤘다. 컨벤션산업의 발전은 컨벤션센터 건립 등의 하드웨어 구축만으로는 절름발이에 불과한 것으로 컨벤션의 원활한 운영이 뒷받침될 때만이 진정한 컨벤션 선진국으로 거듭날 수 있기 때문이다.

이번 제주도 컨벤션네트워크숍이 필자의 주목을 특별하게 끌어당긴 것은 우리나라 컨벤션 산업의 전반적인 발전도 발전이지만 바로 이런 유연한 컨벤션 운영 때문이다. 행사와 세미나 프로그램의 운영, 항공권 수배와 셔틀버스 운영, 참가자와 초청자들을 위한 호텔 시실 운영, 매끄러운 사회와 진행, 골프, 관광, 등산 등으로 구성된 포스트 컨벤션 프로그램의 운영 등 모든 프로세스가 유연하고 매끄럽게 진행되고 있어 격세지감을 느끼게 하고 있었다. 특히 컨벤션 문화의 꽃이라고 할 수 있는 마지막 날 저녁의 사교와 유흥행사는 우리나라 컨벤션산업의 새로운 문화와 가능성을 가늠할 수 있는 중요한 사건이었다.

우리나라 컨벤션산업의 발전에 발맞추어 개인적으로 필자 역시 과거 30여 년 동안 크고 작은 컨벤션에 참가하면서 다양한 경험을 축적해온 것은 물론 이 과정에서 많은 애환을 간직하고 있다. 특히 80년대 초, 중반 우리나라 컨벤션산업의 수준이 말 그대로 유치(幼稚) 수준이었을 때의 에피소드를 잊을 수가 없다.

지금이나 그때나 컨벤션의 마지막은 소위 갤라 디너라는 이름의 댄스파티로 대미를 장식하게 되는데 영화에서나 보아온 이 낯설기만 한 블랙타이 정장의 댄스파티가 우리는 물론 일본, 대만 등 동양 문화권 참가자들을 주눅 들게 했던 기억이다. 춤 문화에만 익숙하였다면 서양 여자들과 멋진 연애(?)도 수없이 즐길 수 있었던 필자는 결국 아직까지도 이 블랙타이 댄스파티 환경에 적응하지 못해 참석을 회피하고 있다. 컨벤션의 핵이자 사교 모임의 정수를 놓치고 있으니 그야말로 재주는 곰이 넘고 돈은 떼놈이 퍼가는 형국에 다름이 아니다.

우리 문화 환경에서 댄스파티로 대표되는 서양 컨벤션문화의 대미인 축제는 영원한 그림의 떡인 줄만 알았는데 이번 제주 네트워크숍에서는 뜻밖의 상황이 연출되어 필자를 놀라게 했다. 노래방 문화에 익숙한 우리의 신세대 컨벤셔너들이 우리 나름의 열기를 마음껏 발산하면서 컨벤션 사교 문화를 새롭게 창출하고 있는 현장을 목격한 것은 우리나라 컨벤션산업의 새로운 가능성을 보여준 신선한 충격이었다. <2007. 1. 15>

국적 없는 건물들

봄 향기에 취해 주말을 이용해 지방여행을 했다.

산과 들에 들꽃들이 흐드러지게 피어 있고 겨우내 메말라 보이기만 하던 나뭇가지에서 연초록 새순들을 힘차게 뻗어내는 모습에서 새로운 에너지를 온몸으로 느끼고 나니 겨우내 움츠러들었던 궁색함이 모두 털려 나간 느낌이다.

봄·가을 좋은 계절에 우리 산하를 돌아볼 때마다 우리의 자연은 서양의 그것과 비교해서 오밀조밀하게 아름다워 피조물의 극치를 보여주고 있다는 느낌을 갖게 된다.

미국 대륙의 유명 관광지나 유럽의 알프스를 돌아보면 웅장하다는 느낌을 갖게 되지만 우리나라의 자연과 같이 오밀조밀한 아름다움을 맛볼 수는 없다.

우리나라도 이제는 웬만한 지방도로까지 포장이 잘 되어 있어 자동차 여행의 즐거움을 더해 주고 있다.

그러나 여행 중에 신경에 거슬리는 것은 여기저기 마구잡이로 서 있는 식당·카페·여관이나 아파트 건물이다.

한옥의 아름다운 자태(자료 : 한겨레 2007. 9. 28)

우리나라도 이제는 웬만한 지방도로까지 포장이 잘 되어 있어 자동차 여행의 즐거움을 더해 주고 있다.

그러나 여행 중에 신경에 거슬리는 것은 여기저기 마구잡이로 서 있는 식당·카페·여관이나 아파트 건물이다.

오밀조밀 아름다운 산하가 10층이 넘는 아파트 건무들로 균형이 무너져 있고, 도로변 어디에나 디즈니랜드에서나 볼 수 있는 기이한 형태의 국적을 알 수 없는 모습의 여관이나 모텔들이 빨강·파랑·보라 등의 원색들로 채색되어 눈을 현란하게 하고 있다.

이런 이상한 모습의 건물은 시골뿐만 아니라 도심 한가운데의 예식장 건물이나 숙박 시설에도 마찬가지로 볼 수 있다.

아프리카 북부의 지중해 연안에는 유명한 카나리아 군도가 있고 이 카나리아 군도의 일곱 개 아름다운 섬 중에는 300여 개의 분화구로 유명한 란차로테(lanzarote)라는 섬이 있다. 이 란차로테 섬은 쾌적한 날씨와 아름다운 환경으로 잘 알려진 관광지만 더 유명한 것은 환경 친화적으로 개발된 섬의 보존 상태이다.

이 섬이 현재와 같이 완벽한 모습으로 자연과 조화롭게 건설될 수 있었던 데는 이 섬 출신의 초현실주의 예술가인 체사르 만리크(Cesar Manrique)의 헌신적인 기여가 있었기 때문이다.

그는 섬 내의 관광 매력들을 자연과 완벽하게 조화를 이루어 건설했을 뿐만 아니라 벽돌 한 장마저도 섬에서 생산되는 재료만을 사용하여 평화로운 분위기를 연출하였다. 신축되는 건물도 모두 전통 양식으로 건설한 것은 물론 광고용 야립 간판 하나도 섬 내에 세울 수 없도록 엄격히 규제하여 전 세계 관광지 건설위 귀감이 되고 있다. 이에 반해 우리나라의 관광지 개발이나 농촌 지역의 아파트 건설은 난개발의 극치를 보는 느낌이다. 농촌 마을의 아파트 건물은 3층이나 5층 정도의 규모라야 자연과 조화를 이루어 편안한 느낌을 줄 수 있도록 하고, 교외 지역에 건설되는 식당·카페·여관 등의 유흥시설 역시 같은 이유로 기와집이나 황토집 등 환경과 조화되는 구조로 건설될 수 있도록 강제적인 행정력을 동원해서라도 규제되어야 한다. 특히 교외 지역에 건설되는 유흥시설은 우리의 전통양식으로 건설할 수 없는 경우 그 크기나 모양 등을 환경과 조화롭게 유지할 수 있도록 강력히 유도되어야 한다.

물론 환경영향 평가나 도시계획법 등에 의해 어느 정도의 규제를 해온 것으로 알고 있지만, 아름다운 환경을 우리 후손에게 물려주기 위해서는 건물의 색상까지도 환경과 조화를 유지할 수 있도록 좀 더 적극적인 규제가 필요하다.

그리하여 시골은 물론 도심의 건물들이 우리 특유의 오밀조밀한 산하와 조화롭게 건설되고 배치되어 내국인은 물론 외래 여행자들에게 편안한 휴식을 안겨줄 수 있기를 기대한다. <2001. 5. 3>

퓨전 사물놀이

필자가 출석하는 성당의 청소년 선교에 관여하면서 청소년 행사에 참가할 기회를 자주 갖게 된다. 지난 연말에는 중·고등부 학생들이 한 해 동안 갈고 닦은 재능을 갈무리하는 공연이 있었는데, 성극 등

에서 학생들의 번뜩이
는 기지를 보면서 우리
나라 청소년들의 밝은
장래를 내다볼 수 있어
뿌듯하였다. 특히 학생
들 갈무리 공연의 백미
는 풍물 공연이었는데
공연 도중 학생들이 몰
아지경(沒我地境)에 빠

풍물놀이의 세계화는 가능할 것인가

져드는 것을 보고 사물 리듬이야말로 지구촌 청소년들에게 우리 가
락을 통한 엑스터시(ecstasy) 공유를 가능하게 할 수 있겠구나 하는
생각을 하였다.

해외 관광 프로모션에서 우리가 가장 많이 활용하는 공연 중의
하나는 사물놀이다. 필자에게는 그만큼 사물놀이에 대한 추억도 많
다. 그중 1980년대 후반 미국에서 근무할 때 주 박람회인 스테이트
페어를 돌며 로드쇼를 벌이던 일이 무척 기억에 남는다. 그때는 88
서울 올림픽을 홍보하기 위해 두레패라는 사물놀이 패와 함께 버스
한 대를 임차하여 미국 동부의 여러 주를 순회하며 공연을 하였다.

그중 가장 인상적인 행사는 버지니아 주 박람회장에 부스를 얻어
약 1주일 동안 벌인 풍물공연이었다. 특히 일주일 동안의 행사를 정
리하면서 페어 마지막 날 풍물패가 무개차를 타고 그 넓은 박람회장
을 돌면서 길놀이를 벌였을 때 수만 명의 관람객들이 길가에 도열해
서 구경하던 일은 가슴 뭉클한 감격이었다.

우리의 풍물놀이는 역시 야외 공연일 때 참가자들의 흥을 돋울 수가 있다. 버지니아 페어에서 풍물 팀의 야외 공연 외에 매일 몇 차례씩 있었던 실내 공연장이 지나치게 좁아 공연 참가자들이 귀를 막아야 할 정도로 시끄러웠기 때문이다.

많은 경우 해외 관광 프로모션 행사가 호텔 볼룸 등의 실내에서 이루어지게 되는데, 대부분 호텔 볼룸의 크기가 풍물 공연을 할 수 있을 만큼 넓지 못하고, 음향 흡수 장치가 되어 있지 않아 풍물 리듬의 흥겨움을 전달하기는커녕 고막을 찢는 듯한 소음으로 들리는 경우를 많이 경험하였다. 94한국방문의 해에 개최되었던 PATA 총회 때 초청 연사로 참가하였던 조지 부시 전 미국 대통령과 부인 바바라 여사가 김덕수패의 사물 공연에 발장단을 맞추며 즐거워하던 모습은 아직도 기억에 새롭다. 그렇지만 그때의 흥겨움은 사물놀이 장단을 충분히 흡수할 수 있었던 드넓은 코엑스 전시장 덕분이었다.

우리의 풍물이나 사물놀이가 충분히 흥을 돋우지 못하는 또 하나의 사례는 '전자음화'했을 경우이다.

동서양을 막론하고 사람들에게 흥겨움을 주고 있는 사물 장단이 텔레비전이나 라디오 등을 통해서 연주될 때는 사물놀이 특유의 흥겨운 가락의 음량이 제대로 전달되지 않아 그저 밋밋하게 들릴 뿐이다. 좋은 영화가 관광목적지를 띄운 사례가 많이 있다. 오드리 헵번의 '로마의 휴일'이 그렇고 윌리암 홀덴과 제니퍼 존스가 공연한 '모정'은 중국 귀퉁이의 조그만 항구도시에 불과했던 홍콩을 일약 세계적인 관광지로 부상시켰다. 그래서 우리의 관광 진흥 전담기관에서도 한국의 관광지를 소재로 한 영화를 제작하기 위해 작품을 공모

중인 것으로 알고 있다.

한국을 전 세계에 알리기 위해서는 영화도 중요하지만 음악도 영화 이상의 역할을 할 수 있을 것이며, 우리나라 음악 중에서 세계적인 공감대를 끌어낼 수 있는 가능성이 가장 큰 것은 아무래도 사물놀이 장단일 것이다.

사물놀이를 세계적인 리듬으로 이끌어내기 위해서는 사물놀이 장단을 팝이나 랩 등의 서양음악에 접목할 수 있어야 할 것이며 전자음에서 소멸되는 사물놀이 특유의 가락과 질감을 원형대로 전달할 수 있는 방법이 강구되어야 할 것이다.

사물놀이 장단을 배경 음악이나 반주로 한 노래를 세계적인 명성을 가진 가수가 신나게 불러주어서, 지구촌 구석구석의 젊은이들이 풍물놀이 종주국에서 사물놀이 장단에 취해 보기 위해 한국으로 물밀듯이 밀려오는 꿈을 꾸는 것은 음악을 모르는 음치의 춘몽에 불과한 것일까?<2001. 3. 1>

교황의 관광관

교황 요한 바오로 2세가 대중관광의 폐해를 비난하여 세계 관광업계를 뜨겁게 달구고 있다. 세계관광의 날을 기념하는 서한에서 교황은 오늘날의 대중관광과 여행자들의 이국문화에 대한 단순한 호기심이 여자들과 아동을 착취하는 섹스관광을 조장하여 용서받을 수 없는 반문화(反文化)를 형성하고 있다고 비난하였기 때문이다. 이에 덧

붙여 교황은 대부분의 리조트나 빌리지들이 외국문물에 대한 호기심만을 추구할 뿐, 지역주민들과의 직접적인 접촉은 차단되어 있다고 주장하여 세계관광업계의 벌떼 같은 논란을 불러일으켰다. 매년 여름이면 한 달여 시간동안 여름휴가를 보내는 교황은 문화·종교·민속 축제들에 대한 관광상품화에 대해서도 깊은 우려를 표명하고 있다. 이탈리아의 신문과 생태관광협회는 교황의 이런 발언을 녹색관광과 생태관광에 대한 지지를 표현한 것이라고 비호하였지만, 이탈리아 여행업협회와 빌리지를 운영하고 있는 알피투어(Alpitour) 등의 대형 여행사들은 빌리지 운영은 지역 주민들의 소득과 고용에 크게 기여하고 있다고 주장하며 교황의 주장에 반기를 들고 나섰다. 영국의 BBC방송은 교황의 이번 발언과 관련, 대중관광이 새로운 형태의 착취냐 아니면 지역경제에 대한 기여냐에 대한 의견을 물어 세계적인 반향을 불러일으키고 있으며, 다음은 그 몇 가지 사례이다. 바베이도스의 한 주민은 카리브 해 주민들이 관광산업진흥이라는 미명 아래 자국 내에서 2등 국민으로 전락하였다고 주장하면서 관광은 저임금 노동력 착취와 매춘을 조장하는 새로운 형태의 식민이라고 교황의 의견에 전폭적인 지지를 표명했다. 한 영국인은 지난 수세기 동안 상업적인 관광이 존재하지 않았음에도 불구하고 제3세계 사람들이 굶어죽은 적이 없다고 주장했다. 스리랑카의 한 주민은 유년시절 자유롭게 드나들며 즐길 수 있던 해변이 어느 날 외국인 전용 해변으로 전환된 뒤 자신들의 휴식처를 빼앗겼을 뿐만 아니라 에이즈가 창궐하고 지역주민들은 달러벌이에만 혈안이 되어 있다며 교황 편을 들었다. 캐나다 프린스아일랜드의 한 주민은 관광이 프린스아일랜드의

교황 바오로 2세

유산과 전통을 상품화함으로써 섬 주민의 개성과 인성까지를 왜곡시킨 반면 저임금과 싸구려 산업만을 조장하고 있다며, 대중 관광은 황금 알을 낳는 거위를 잡아먹는 것과 같은 위험을 초래하고 있다고 관광산업을 매도하였다. 반면 비판론자들은 바티칸시가 매년 박물관 관람과 이의 관광상품화를 통해 수백만 명의 관광객을 끌어들여 달러를 벌어들이고 있으며, 최초의 여행 역시 가톨릭 성지순례에서 비롯되었음을 상기시키며 교황의 관광관(觀光觀)을 비판하고 나섰다. 한 독일인은 교황 자신이 여행 중 얼마나 많은 현지인과 접촉하고 있는지를 반문하면서 역사상 다른 어느 교황보다도 많은 여행을 하고 있는 교황은 앞으로 바티칸에만 머물러 있어야 할 것이라고 비아냥거렸다. 한 네덜란드인은 관광이 사람들로 하여금 타문화를 접촉하게 함으로써 경험과 이해의 폭을 넓힌다면서, 독일인의 네덜란드 관광이 독일과 네덜란드 사이의 긴장완화에 크게 기여하고 있다며 섹스관광과 관광의 환경에 대한 영향은 별도로 취급되어야 한다고 주장하였다. 교황은 어쩌면 관광에 관해서 지나치게 천상적(天上的)인 것을 추구하고 있는지도 모른다. 많은 나라, 특히 개발도상국가들에게 관광은 외화 수입과 고용증대를 통해 그 나라 경제 발전에 크게 공헌해온 게 사실이다. 이들 나라에서 관광수입은 특권층에게 귀속되는 것이 아니라 거리의 화가와 악사·택시운전사·관광가이드·기념품판매상·음식점주인과 종업원들에게 직접적인 혜택이 되고 있다. 사람들은 또한 여행을 통해 이웃나라 사람들과의 이해를 넓혀가며 종교적·사상적·이념적 벽을 허물어 가고 있는 것이다. 관광은 우리 생활에 이미 그 뿌리를 깊게 내려 어느 누구도 제지할 수 없는 문화이다. 다만 우리가 해야 할 일은 어떻게 하면 진정한 의미의 여행자가 될 수 있는지를 배워서 실행해 나가는 것과 관광의 폐해를 줄이기 위해 끊임없이 노력해 나가는 일일 것이다. <2001. 8. 2>

월드크루즈대학

존재와 상상의 모든 것은 관광상품으로 거듭날 수 있다. 관광상품도 거기서 거기인 평범한 것들보다는 이제는 명품을 추구해야 할 때다. 같은 자원을 이용하는 상품이라도 상상력과 연출에 따라서는 엄청난 부가가치를 창출할 수 있기 때문이다. 제주도 중산간 마을에는 하루저녁에 백만 원을 받아도 날개 돋친 듯이 팔리는 펜션이 성황 중이다. 이 펜션은 단순히 숙박을 판매하는 것이 아니라 건강과 웰빙을 팔고 있기 때문이다. 여행사 입장으로도 싸구려 상품을 많이 파는 수고를 하는 것보다 명품 몇 개를 팔아 높은 커미션을 챙기는 것이 훨씬 수지맞는 장사다.

ISE(Institute for Shipboard Education)라는 교육기관은 미국 동부의 명문, 버지니아대학과 공동으로 '세계가 곧 캠퍼스'라는 캐치프레이즈를 내걸고 1962년부터 크루즈를 이용한 선상 학기제를 운영해오고 있다. 2만 4천 톤급의 크루즈를 이용해 썸머스쿨을 포함해 매 학기 70여 과목을 개설하여 미국은 물론 전 세계에서 7백여 명의 학생을 유

Semester at Sea

치하고 있으며 그동안 4만 5천여 명이 참가했다. 학과목 개설도 매우 다양한데 인문학, 경영학, 생물학, 화학 등 거의 모든 분야의 강좌가 개설되고 있으며 전공에 관련 없이 참가할 수 있다. 교수진도 한 학기 동안 무료 크루즈와 강의를 겸할 수 있어 전 세계 최고 권위의 교수들 중에서 엄선되니 우수한 강사진으로 구성될 수밖에 없다. 크루즈 일정은 미국 대학의 학기에 맞추어져 있으며 봄 학기의 경우 1월 중순부터 5월 중순까지이다. 학비 역시 미국 대학 한 학기 등록금 수준인 만 3천 불부터 2만 6천 불까지로 선실 등급에 따라 다르며 등록금, 숙식 등이 포함된 금액이다. 한 학기 12학점까지 취득할 수 있으며 원적대학과 학점이 공유되기 때문에 경쟁이 치열하다. 완벽한 강의시설, 도서관, 헬스클럽과 교수진을 갖춘 이 크루즈는 한 학기 동안 지구촌 열세 개 도시를 순방한다.

2008년 봄 학기의 경우 바하마의 나소를 출항하여 스페인의 카디즈, 터키 이스탄불, 이탈리아 나폴리, 이집트 알렉산드리아, 수에즈운하, 인도의 첸나이, 방콕, 호치민, 상하이, 홍콩, 고베, 요코하마, 호눌

룰루, 코스타리카 그리고 파나마운하를 차례로 거쳐 플로리다의 마이애미로 귀환하게 된다. 학생들은 기항지마다 대략 5일 정도를 체류하면서 학과목과 관련되는 대학, 고대 유적 등을 방문하면서 현장교육을 받게 된다. 이 크루즈는 대학의 학부생을 주 대상으로 하고 있지만 성인을 위한 평생교육 과정, 고등학교 졸업예정 학생과 교사 그리고 학부모를 위한 교육 프로그램도 동시에 진행된다. 인간 최초로 달여행을 한 미국 우주인 보먼의 일성은 '지구는 아름답다'라는 탄성이었다. 멀리서 본 지구에는 국익, 기아, 문명의 충돌, 증오, 전쟁, 인종 갈등 같은 것은 보이지 않고 오로지 아름다운 색상의 하모니만 보였기 때문이다. 이 크루즈를 이용해 지구를 한 바퀴 돌고 난 후 학생들도 보먼과 똑같은 얘기를 한다고 한다. 세계는 같은 사람들이 사는 한 세상이고 지구상의 모든 문제들은 공유되고, 이해되고, 해결되기 위해 존재할 뿐이라는 것을 깨닫게 된다. 대학의 공부가 강의실과 교과서만으로는 결코 완성될 수 없다는 것을 웅변으로 증명하고 있는 대목이다. 교육은 현장 경험과 여행에 의해서 완성된다. 당연히 이 프로그램의 인기와 경쟁은 대단해서 미국 학생들만으로도 일찌감

자료: 노컷뉴스 2004. 4. 4

치 마감되지만 국내의 교환학생 프로그램과 교수들의 안식년 상품으로 안성맞춤이다. 필자의 경우도 안식년을 맞는 내년 봄 학기에 이 프로그램에 참여하여 견문도 넓히고 평생교육 프로그램으로 부족한 공부도 하면서 세계일주 여행기도 써볼 요량이다.

이 프로그램의 국내 소개는 대학생은 물론 안식년 대상 교수 그리고 여유가 있는 실버 세대 모두에게 좋은 반응을 일으킬 수 있을 것으로 보인다. 프로그램 소개도 하고 세계여행기도 쓰게 될 이 환상적인 여정을 위해 항공, 언론, 출판업계의 스폰서를 기대하는 것은 낯살이나 먹은 사람의 과욕으로 비춰지려나? <2008. 2. 18>

붕어빵 축제공화국

봄가을이면 한반도가 천여 개의 크고 작은 축제로 들끓는다. 매년 가을에는 필자가 거주하고 있는 서울의 아파트단지에서조차 주민축제가 열려 굳이 멀리 여행하지 않아도 동네에서 자연스레 축제 분위기에 젖어들게 되고 직장이 강화도이다 보니 축제 소재도 무궁무진해 일터에서도 이른 봄부터 늦은 가을까지 일 년 내내 축제를 알리는 플래카드터널에 파묻혀 지내게 된다. 인구 7만이 채 안 되는 강화도에서 열리고 있는 축제만 해도 이른 봄 고려산 진달래축제로부터 시작해서, 전등사의 삼랑성역사문화축제, 선원사 논두렁연꽃축제, 외포리 새우젓 축제와 곳창굿축제, 시민단체의 생명축제, 염하강 장어축제, 시선 병어 축제와 뱃놀이, 이규보 문화축제, 개천대제, 고인돌문화축제, 광성제,

용두레질노래 축제 등이 있어
그야말로 일 년 내내 축제만 하
고 있다고 해도 과언이 아니다.

전국적으로 행해지는 지명도
있는 가을철 축제만 해도 파주
장단콩축제, 이천 쌀문화축제,
가평 수확축제, 남대천 연어축
제, 대전 아줌마대축제, 천수만
철새기행전, 성주산 단풍축제,
추(秋)갑사 가는 길 축제, 조선
통신사 주간축제, 부산 40계단
문화관광제, 문경 달빛사랑 여
행제, 청송 사과축제, 외고산
옹기축제, 광주 김치대축제, 남

보령머드축제(자료 : 뉴시스 2007. 10. 24)

도 음식문화큰잔치, 제주 감귤축제, 모슬포 빙어축제 등 일일이 열거
할 수가 없을 정도다.

예로부터 우리 민족은 음주가무를 즐겨 부여의 영고, 고구려의 동
맹, 예의 무천과 마한의 제천의례 등의 예에서와 같이 천신에게 제
사지내며 흐드러진 놀이판을 벌인 기록이 있다. 우리 선조들은 없이
살면서도 천성적으로 음주가무를 즐긴 민족이었는데 하물며 먹고살
만해진 요즈음 경향을 막론하고 축제가 넘쳐나는 것은 지극히 당연
한 일일 것이다.

그러나 문제는 축제가 많은 것에 있지 않고 지금의 축제들이 주

민들의 자발적인 참여에 의한 자생적 잔치들이라기보다는 지방자치단체가 출범하면서 지역경제의 활성화, 주민화합, 인지도 확대라는 명분 아래 지방자치 단체장들의 선거홍보용으로 출발한 데에 있는 것이다. 축제에 참가해 보면 개막식에 지역주민을 모아놓고 지방자치단체장, 의회의장, 국회의원 그리고 지역 유지들이 번갈아가며 일장 연설과 업적 자랑으로 사람들을 지치게 한다. 또 축제를 몇몇 이벤트회사가 독점하여 운영하다 보니 축제 이름만 다를 뿐 주제와 전혀 관련이 없는 연예인 초청 공연, 음식이 거기서 거기인 먹을거리 장터, 타이틀만 각기 다른 미인선발대회, 울긋불긋한 원색 농악대의 부조화 그리고 어느 축제마당에나 들끓고 있는 잡상인 포장마차 등이 뒤섞여 축제라기보다는 도떼기시장을 방불케 하고 있다.

축제의 성공은 주민의 자발적인 참여에 달려 있다고 해도 과언이 아닌데 지방자치단체장 주도의 지역축제는 관내의 주민과 학생들을 강제로 동원하다 보니 동원된 당사자들의 원성이 자자한데다가 공무원들 역시 축제 기간 중의 과중한 업무 부담으로 축제를 주관하는 부서의 보직을 피하기 위해 안간힘을 쓰고 있는 실정이니 축제 참가들에게 즐거움을 기대하는 것은 애초부터 무리인 것이다.

축제는 지역주민에게 애향심과 자긍심을 심어줌으로써 지역의 정체성을 확보하여 주민들에게 신바람을 불러일으킬 수 있어야 하고 참가자들에게는 체험을 통한 즐거움을 제공할 수 있어야 한다. 이런 의미에서 머드체험은 물론 머드화장품까지 개발 판매해서 대박을 터뜨린 보령머드축제, 인삼 캐기와 인삼요리 체험으로 외국인을 만 명이나 유치하고 있는 금산인삼축제, 관광불모지에 나비하나로 명소브랜드를 확실하게 각인시킨 함평나비축제, 송이 찾기 체험행사로 400여 원의 지역 소득을 올리고 있는 양양송이축제, 비수기에 비특산품인 반딧불을 개발해 12만여 명의 숙박관광객을 창출한 무주반딧불이축제 등은 차별화를 통해 명성을 쌓아가고 있는 성공한 축제들이다.

붕어빵과 백화점식 축제가 아닌 각양각색의 축제가 일 년 내내 전국 각지에서 수천 개는 물론 수만 개라도 열려 축제를 통해 살맛 나는 세상이 연출될 수 있길 기대해 본다. <2004. 11. 1>

와인세대의 향기

우리나라의 대표적 마케팅 전문회사인 제일기획은 우리 시대 변화의 주역(paradigm shift)을 'p세대'라고 명명한 바 있다. 참여(partici- pation)와 열정(passion)으로 대변되는 이들 젊은 세대는 정치적 기득권층을 한 순간에 무너뜨리며 자신들의 코드에 맞는 인물을 대통령에 당선시킴으로써 오늘 이 시간에도 우리 사회 전반의 변화를 주도하고 있다.

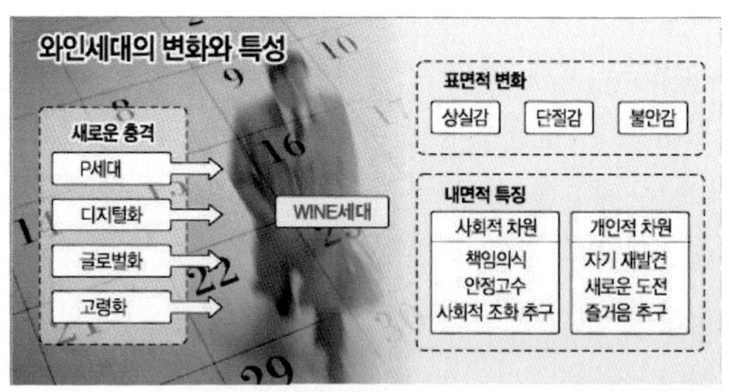

자료 : 제일기획

반면 하루가 다르게 변화해 가는 디지털시대의 기술발전을 적극적으로 수용해 가고 있는 이들 p세대에게 상대적으로 무력하게 대응할 수밖에 없는 4564세대는 평생직장 개념이 붕괴되고 조기 퇴직이 일반화되면서 p세대와의 행복한 공존을 꿈꾸며 젊음을 불살라 쌓아올린 터전에서 무참히 내몰리고 있는 형편이다. 사정이 이러함에도 불구하고 이들 4564세대는 태어나면서부터 굴곡진 인고의 생애를 살아온 어른답게 풍요를 구가하는 젊은 세대와는 달리 갈등보다는 화합을, 모순보다는 통합을 추구하는 노련한 사람들이다. 이들은 그러나 혼란스럽게 보이기만 하는 신세대 주도의 변화를 불안하게 바라보면서도 그동안 돌보지 못했던 자신의 삶을 돌아보면서 스스로에 대한 새로운 발견을 통해 인고의 세월로 숙성된 모습을 아름답게 표현하고자 노력하고 있는 세대이기도 하다. 제일기획은 이들을 '사회적, 개인적으로 잘 통합되고 숙성된 새로운 어른세대(Well Integrated New Elder)'라는 뜻으로 WINE세대라고 명명하고 뜨거운 햇볕, 말라비틀어진 땅, 짓이겨지는 고통, 차가운 저장고 속에서 침묵의 오랜 시간들을 견뎌 낸 후, 마침내 아름다운 빛깔과 향으로 다시 태어난 적포도주와 같이 이 시대 어른들을 형상화하는 단어라고 했다.

이러한 와인세대의 가장 큰 특징은 개발시대를 통해 평생을 강력하게 행사해왔던 가부장으로서의 그들의 위상을 가모장에게 넘겨주면서까지 아내에 대한 짝사랑이 깊어지고 있으며 여생을 즐기기 위해 건강과 여가의 향유를 갈망하고 있다는 것이다. 이들의 행복관은 취미활동과 대인관계를 통해 바쁘게 살고, 절약만이 미덕은 아니며, 건강이 삶에서 가장 기본이 되고, 가정의 평안을 위해 아내에게 의

사결정을 맡기고, 나이 듦에 관계없이 미래를 준비하는 삶을 추구하는 것이다.

마케팅 측면에서 이 시대 수요의 대부분을 차지하고 있는 p세대에게 집중되어와 사각지대로 남아 있던 이들 4564세대 시장을 공략하기 위한 키워드는 아내(woman), 단순(itself), 안전(safety), 청춘(evergreen) 그리고 교제(relationship) 등이다. 이들 키워드들이 마케팅에서 시사하는 것은 소비주체로서의 여성의 파워, 단순한 제품의 개발과 커뮤니케이션 전략 채택, 브랜드와 메이커 이미지 제공을 통한 신뢰감 구축, 나이에 맞는 제품 및 서비스보다는 영원한 젊음을 제공한다는 인식의 전환 등이다.

이러한 와인세대의 특징과 마케팅 전략은 특히 여행의 주시장인 이들을 공략하는 데 커다란 시사점을 던져주고 있다. 4564세대는 숙성된 와인에서 우러나는 향과 맛을 추구하는 세대이며 내면의 아름다움을 추구하는 우리 사회의 어른으로서 중심을 잡아가면서도 개인적으로는 스스로의 삶을 관조하면서 자아를 완성해 가고자 하는 여행수요의 핵심 시장인 것이다. <2004. 4. 2>

강화학파

강화도는 역사적인 사건으로 점철된 섬이다. 유네스코가 세계문화유산으로 지정, 보호하고 있는 선사시대의 고인돌 군이 섬 내의 여러 곳에 산재해 있고 단군을 제사지내는 참성단이 있어 개국 신화가 서려 있는 곳이다. 나라가 환란에 시달릴 때는 수도가 천도된 곳인가 하면 폭정으로 쫓겨난 광해군과 연산군이 유배되었던 귀양지이기도 하다. 고려시대에는 팔만대장경판과 금속활자가 제조된 문화도시였으며 구한말에는 외적의 잇단 침입을 견디지 못하고 마침내 일제와 강화도조약을 체결함으로써 근대사의 문을 연 관문이기도 하다.

요즘은 교통인프라의 개선으로 서울에서 불과 한 시간이면 닿을 거리에 있어 주말, 주중을 가리지 않고 관광객들로 강화도 접근로가 몸살을 앓고 있는가 하면 아직까지 오염되지 않은 맑은 공기와 쾌적한 환경 때문에 전원주택과 펜션 건설로 각광을 받고 있는 새로운 개념의 주거지이기도 하다.

개발의 물결이 세차게 밀려들고 있는 이곳 강화에는 특이하게도 강화학파 후학들이 매달 정기적으로 두 차례씩 모여 강화의 파란만장한 역사의 맥을 이어가면서 강화만의 독특한 문화향기를 지켜가고 있다. 강화의 역사와 문화를 사랑하는 사람들로 구성된 이 모임은 한 역사학자의 열정과 주머닛돈에 의해 주도되고 있는데 서울 등에서 초청되는 전문가와 학자들이 이 모임을 대상으로 강연하러 왔다가 참석자들의 열정과 구성에 놀라 오히려 감동을 받고 돌아가게 하는 모임이다. 참가자들의 열정이 그만큼 대단하고 인적 구성 역시 주부, 공무원, 학생, 농부, 시민운동가, 기업인, 교사, 의사, 종교인 등을 망라하는 다양한 사람들로 이루어져 있기 때문이다. 하지만 강화학파라는 말은 많은 사람들에게 생소할 것이다.

조선시대 사상계의 주류는 주자학이었지만 17세기 중반 인조반정과 병자호란을 거치면서 주자학의 편협성에 저항하는 여러 조류의 사상이 형성되게 되었다. 강화학파는 그중에서 양명학을 수용하여 공리주의적인 실학과는 취향을 달리하면서 인간의 내면을 중시하는 유심적 실학으로 정제두에 의해 발원되어 하나의 맥을 이루어 발전한 것이다. 강화도에 살면서 강학한 정제두와 이후 강화와 일정한 관련을 가진 사람들이 조선 양명학을 발전시켜 왔기 때문에 이들을 강화학파라고 부르고 그들이 추구한 학문은 강화학이라고 불리게 되었다. 강화학과 강화학파는 정제두 이후 윤순, 이광사, 이영익, 신작, 이시원, 이건창을 거쳐 최근세의 정인보에 이르기까지 학자 그룹에 의해 계승되어 그 명맥이 이어져 내려왔다. 그래서 지금도 강화도를 여행하다 보면 정제두의 묘나 이건창 생가 등을 마주치게 된다.

강화학파는 오늘날에도 소멸되지 않고 한 평범한 역사학자에 의해 주도되고 있는 이 강화도 시민들의 모임에 의해 그 명맥이 면면히 이어지고 있는 것이다. 강화의 역사와 문화에 대한 연구를 주관하고 있는 이 시민모임은 강화도의 풍부한 유적, 유물을 배경으로 하여 교육과 출판활동도 같이 수행함으로써 지역주민들에게 역사의식을 심어 주고 있음은 물론 강화도 역사·문화의 관광 상품화를 지원함으로써 지역발전을 위한 촉매 역할도 함께 수행하고 있다.

관광상품의 개발은 물리적으로만 완성될 수 없다. 개발된 상품 안에 역사와 문화의 향기가 배어 있어야만 비로소 경쟁력 있는 관광상품이 될 수 있는 것이다. 한나라의 선진화 역시 물리적, 경제적 발전으로만 달성될 수는 없다. 바로 강화학파 모임이 추구하고 있는 문화 발전이 동반될 때만이 진정한 의미의 선진화가 이루어질 수 있는 것이다. 최근 열병같이 번져가고 있으나 내용이 거기 거기인 걸

치레 축제보다는 강화학파와 같이 내실 있는 학술·문화 모임이 전
국적으로 번져갔으면 좋겠다. <2003. 10. 3>

너그럽게 넉넉하게

참여정부가 들어서면서 우리 사회의 갈등이 동서에서 세대 간, 보
혁 간, 빈부 간, 더 배운 자와 덜 배운 자 간의 갈등으로 전이 심화
되고 있다.

우리 사회는 그만큼 심각한 과도기의 아픔을 겪고 있는 중이다.
그러나 이런 아픔은 사회 전체가 긍정적으로 발전해나가는 과정으로
인식해야 한다. 이 시기에 누가 우리 사회를 이끌어간다 해도 성장
을 위한 몸부림인 이런 갈등들을 한꺼번에 치유할 수는 없다.

우리는 상대적으로 짧은 기간에 국부와 민주화를 동시에 이루어
가고 있는 중이다. 서양 선진국들이 수 세기에 걸쳐 이루었던 대업
들이고 한 세기를 앞서 근대화 대열에 뛰어든 이웃 일본에 비해 적
어도 민주화의 틀을 만들어 가는 데서는 한 발 앞서기 시작하고 있
는 것이다.

우리 국민은 조급하고 또 모든 것을 한꺼번에 거머쥐려 한다. 보
수 신문과 신세대 신문의 인터넷 판에 들어가 보면 국론 분열 양상
이 심각하다 못해 병적이다. 현실에 있어서도 의견이 다른 사람들
간에는 대화가 불가능하다. 신세대는 무조건 기성세대를 거부하고
기성세대는 신세대 하는 일이 모두 미덥지가 않다.

보수와 개혁세력 간의 대립도 마찬가지다. 부동산, 새만금방조제, 핵폐기장 건설, 사패산 터널 문제 등에 관해서 합리성을 잃고 인민 재판식의 여론이 정책에 영향을 주고 있다.

국민의 과반수가 선출한 지도자를 일도 시작하기 전인 취임 초부터 마구 흔들어 댄다. 실제 투표수에서는 패하고 선거인단수에서 지방법원이 손을 들어주어 간신히 이긴 미국대통령이지만 반대투표한 사람들이나 반대파들이 대통령이 업무수행을 할 수 없을 정도로 흔들어대고 있다는 얘길 들어본 적이 없다. 흔들기는커녕 부시가 미국의 최대 명절인 추수감사절에 이라크주둔 미군을 극비리에 방문했을 때 미국언론들은 며칠을 두고 침이 마르도록 부시 칭찬에 열을 올려 우리를 어리둥절하게 한 바 있다. 우리의 시각으로는 재선을 위한 부시의 제스처임이 빤해 보이는데도 말이다.

우리가 그렇지 못한 이유는 우리 사회가 미국에 비해 그만큼 각박하기 때문이다. 각박한 만큼 우리의 삶은 늘 고달프기만 하다. 늘 누군가와 경쟁을 해야 하고 또 경쟁을 하면 이겨야 한다. 그래서 연말마다 한 해를 돌아보면서 다사다난했다가 예외 없는 우리 사회의 수식어이다.

사람들이 인위적으로 정해놓은 새해. 연말과 새해는 찰나의 차이임에도 불구하고 사람들은 새해 아침이 밝아오면 지난 일을 모두 잊어버리고 새 희망을 얘기한다.

다사다난으로 끝날 것이 뻔한 또 한 해의 시작이지만 좋은 일만 있길 기대하는 덕담들을 새해 아침에 주고받는다. 그러나 새해 희망을 얘기하기 전에 새해에도 높은 산을 오르고 먼 길을 가다가 작은 돌부리, 큰 돌부리에 걸려 넘어질 수도 있음을 알아야 한다. 그 작은 돌부리는 실수일 수도 있고 명예욕이나 재물에 대한 욕심이 지나쳐서 불거진 것일 수도 있다. 그러나 그렇다고 해서 실망하거나 좌절하지는 말자. 자기희생과 아픔을 겪지 않고는 큰일을 이룰 수가 없고 삶의 과정에서 작은 죽음들을 겪지 않고는 결코 아름다운 죽음을 맞이할 수 없는 법이다. 어려울수록 자신에게 관대해지는 법을 터득해야 한다. 더불어 사는 우리도 어떤 이유에서 우리의 경쟁자가 돌부리에 넘어졌건 세워 일으켜 주고 무리 안에 다시 껴안을 수 있는 아량을 베풀어 보자. 일등만을 위해 달리다 이등이나 삼등이 되더라도 만족할 줄 알며 같이 달리다가 2, 3등에 머문 경쟁자들에게도 박수를 보내줄 수 있는 아량을 키우자. 새해엔 제발 나와 다른 사람들을 보듬어 안고 이해할 수 있는 아량을 키워보자.

합리적인 비판은 하되 지도자는 존경하고 아랫사람과 이웃을 배려할 줄 아는 넉넉한 마음을 키워보자. 행복지수나 삶의 질은 상대적으로 우리보다 못살지만 너그러운 사회인 태국이나 필리핀에서 높은 것으로 알려져 있다. 이런 나라를 방문하는 손님들의 만족도 역시 높을 수밖에 없다. 손님을 잘 대접하려면 주인이 먼저 너그럽고 넉넉해야 되기 때문이다. 손님에 대한 환대는 손님맞이의 기본이다. 새해엔 환대 산업에 종사하는 우리가 먼저 정치적으로나 사회적으로나 사업에서나 자기 자신에게 너그러워지는 법을 배우자. 손님을 너그럽고 넉넉하게 대접할 줄 아는 것이 관광입국의 기본이기 때문이다.
<2004. 1. 2>

관광산업의 미래

제 4 장

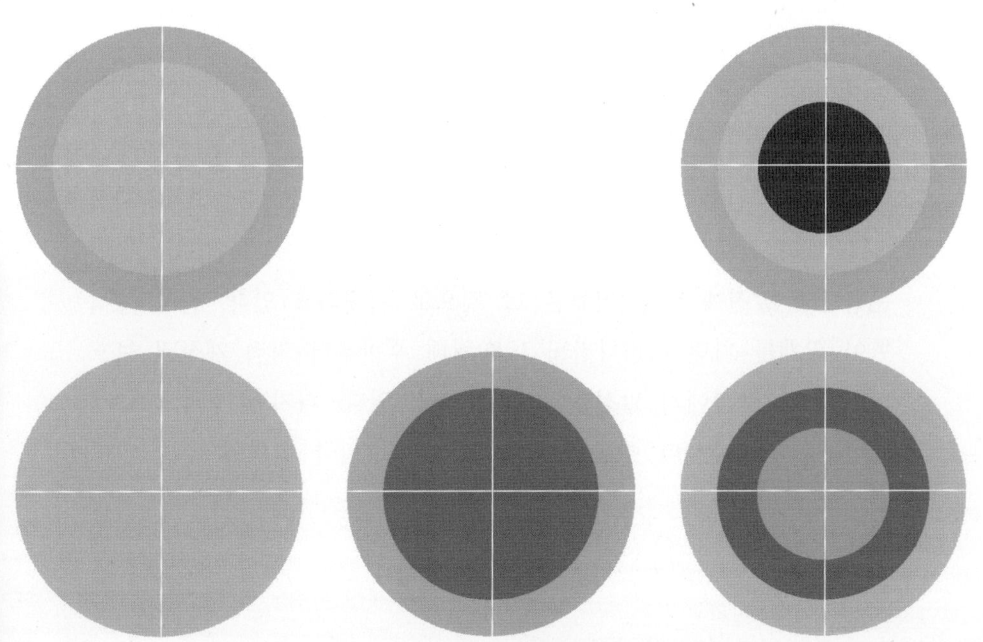

저작권 보호와 관광상품 모방

한미자유무역협정(FTA)의 타결과 작금의 한·EU 간 FTA 협상 진행이 웅변하고 있듯이 시장의 지구촌화는 피할 수 없는 대세로 다가와 있다. 글로벌 환경에서는 스스로 강한 자만이 시장에서 살아남을 수 있을 뿐이다. 시장을 개방한다는 것은 더 이상의 보호는 없다는 것을 의미한다. 그러나 이런 상황일수록 더욱더 보호되고 있는 것이 있다. 바로 저작권이다.

한미자유무역협정의 일환으로 타결된 저작권 보호는 우리 관광산업에도 직·간접적으로 상당한 영향을 미칠 것으로 보인다. 거시적으로 보면 한미 간 FTA 저작권 분야 협상 타결은 장기적으로 우리 문화산업 발전에 촉매 역할을 할 것으로 기대되고 있다. 한때 해적판이 활개를 치던 우리나라도 1980년대 후반부터 지적 재산권 보호의 제도화 측면에서 발전을 거듭해 오고 있다. 디지털 강국으로 부상한 우리나라는 더 이상 지적 재산권의 수입국 위치에 있지 않아 위상에 걸맞은 저작권 보호 시스템을 갖추어야만 하는 입장이기도 하다. 한미 FTA에 반영된 저작권 보호 시스템은 다양하다. 저작권 보호 기간의 70년 연장, 저작물에 대한 접근을 통제하는 기술적 보호 조치의 우회 금지와 일시적 복제에 대한 권리 인정, 온라인 서비스 제공자의 책임 강화와 저작권 집행의 강화가 그것들이다. 한편 저작권 보호에 관한 한미 FTA와는 별개로 진행된 저작권법 개정에서는 전송권 침해의 개념이 주변의 동료나 친구 등을 포함한 특정 다수인인 공중으로 확대되었으며 스트리밍 방식으로 제공하는 음악에 대해서도 전송권으로 처리하여 권리자의 권리를 보장하고 있다. 따라서 저작물 이용자들은 앞으로 좀 더 저작권자의 정당한 권익을 존중하는 태도를 지켜야만 할 것이다. 하지만 구미 선진국에서는 저작권을 존중하면서 너그러운 이용을 허용하려는 사회 운동이 점차 확산되고 있는 추세다. 저작권자나 저작물 이용자 모두 이러한 시대 변화를 잘 읽어서 현명하게 대처할 수 있어야 할 것이다. 온라인 서비스 제공자의 책임강화와 저작권 집행의 강화와 관련하여 우려되는 것은 협상 타결 이후 형사적인 처벌이나 민사 소송이 폭주할지 모른다는 점이다. 국회 역시 상습·영리목적 저작권 침해에 대한 친고죄 조항을 폐지하는 입법 조치를 한 바 있다. 또 대학가에서 횡행하고 있는 해적판 서적의 추방을 위해 한미 양국의 특별한 조치가 예상되고 있어 각별한 주의가 필요한 상황이다. 문화관광연구원이 발표한 '문화산업 대미 개방에 따른 영향분석'에 의하면 한미 FTA 타결에 대해 긍정적 영향을 미칠 것으로 판단되는 문화산업은 애니메이션, 공연, 출판, 음악 등의 순으로 나타났다. 또한 조사 대상 업체의 절반 이상이 FTA 타결은 이러한 산업 분야에 긍정적인 효과를 가져올 것으로 예상하고 있다. 관련 업계에서 긍정적인 반응을 보이는 이유는 미국시장에 좀 더 자유롭게 진출할 수 있어 새로운 비즈니스 기회를 창출할 수 있고, 다양한 콘텐츠를 접할 수 있어 우리 문화산업의 경쟁력이 증대될 것이며, 미국의 풍부한 자금이 한국에 들어와 합작투자의 가능성이 커질 가능성 등을 들고 있다. FTA 체결 이후 우리 문화산업의 경쟁력 강화를 위한 보완 조치의 필요성도 제기되었는데, 투자활성화를 위한 금융 인프라 구축, 불법 복제 전면 봉쇄, 마케팅 지원체계 확립, 해외마케팅 지원기구 설립 그리고 세제 감면을 통한 가격경쟁력 향상 등을 들고 있다.

관광상품은 여러 가지 공급 요소를 복합적으로 구성해 패키지로 판매되기 때문에 모방이 매우 용이한 특성을 지니고 있다. 이러한 관광상품 모방의 폐해는 다른 상품을 모방한 후 시장에 출시하면서 원래의 가격에 못 미치는 낮은 요금으로 판매되는 경우가 대부분이어서 시장을 흐려 놓는 독소가 될 수 있다는 데 있다. 이러한 상품 베끼기 현상은 시장 경쟁이 커질수록 심화되고 있으며 특허 등으로 보호받을 수 없기 때문에 시장에서 더욱 활개치고 있다. 저작권 보호는 세계적인 추세이다. 관광상품의 저작권도 어떤 형태로든 보호조치가 강구되어야 할 시점이다. <2007. 10. 29>

일본최대여행사 JTB의 국내진출 파장

그동안 설왕설래하던 일본 최대 여행사 JTB의 한국 진출이 롯데 그룹의 온라인 유통 회사인 롯데닷컴과의 합작으로 국내에서 여행 사업을 본격적으로 전개한다는 사실이 공개되면서 업계에 파문을 일으키고 있다. JTB는 연 매출액 1조 3천억 엔 규모의 일본 최대 여행사로서 유럽, 미주, 아시아 등 전 세계 31개국에 80개의 네트워크를 확보하고 있으며 일본 대학생들이 가장 선호하는 기업으로 알려져 있는 명실상부한 세계 최대의 여행 전문기관이고 롯데그룹 역시 5개의 호텔, 7개의 면세점과 백화점, 할인마트 70여 개소를 포함해 온라인쇼핑몰과 TV홈쇼핑까지 보유하고 있는 국내 최대의 레저·유통 전문그룹이기 때문이다.

롯데그룹과의 제휴에 의해 JTB는 한국에서 롯데 그룹의 관광·유통 인프라를 활용할 수 있게 되고 롯데 그룹은 JTB의 글로벌 네트워크를 활용할 수 있게 되어 롯데·JTB 합작회사의 시너지효과와 브랜드 잠재력은 앞으로 막강한 저력을 발휘할 것으로 예상되고 있다. 풍부한 자금과 유통망의 롯데그룹이 세계적 네트워크를 갖춘 JTB와 제휴해 여행업에 뛰어들면서 기존 여행업계의 판도가 바뀔

것이라는 우려 때문에 국내 여행사들은 바짝 긴장하고 있는 모습이 역력하다.

국내 여행 산업이 주 5일제 근무, 국민소득과 여가활동의 증가로 연평균 10% 이상 성장하면서 경쟁이 치열해지고 있는 가운데 지난 한 해 우리나라 여행시장은 내국인 출국자와 외국인 방한 시장을 합쳐 1700만 명에 달하는 양적 성장을 보이고 있다. 그러나 외국인 방한 시장의 경우, 비싼 물가와 원화 강세 등으로 수익성이 낮아 문을 닫는 여행사가 속출하고 있는 가운데 롯데 · JTB는 아웃바운드시장과 자유개별여행 부분에 주력해 오는 2011년까지 120만 명의 여행객을 유치할 계획을 밝혀 국내 여행업계를 긴장시키고 있다. 실제로 국내 여행업계의 한 간부는 롯데 · JTB의 출현이 여행업계의 연쇄 도산과 대량 실업으로 이어져 국내 중소여행사들의 생존에 중대한 위협이 될 것임을 심각하게 우려하고 있다.

그러나 롯데 · JTB 측의 입장은 전혀 다른 모습이다. 롯데 · JTB 측은 인바운드 부분에서 롯데의 관광 인프라를 활용해 일본 관광객뿐만 아니라 JTB 네트워크를 통해 중국과 미국 등지에서 방한하는 관광객 유치도 강화해 나간다는 입장이다. 롯데 · JTB의 관계자는 최근 국내 여행수요의 수준이 크게 높아져 품격 있는 맞춤 여행을 선호하는 추세라며 롯데의 여가 관련 인프라와 JTB의 노하우를 바탕으로 여행자 만족은 물론 한국 관광산업 수준을 한 단계 발전시키는 계기를 마련하게 될 것이라는 입장이다. 일부 여행업계 전문가들은 이들 양 당사들과는 전혀 다른 주장을 하고 있는데 한국 여행업 문화를 정확히 이해하지 못하는 JTB의 한국 진출은 결국 머지않은 장래에 실패할 수밖에 없을 것이라는 비관론이 그것이다.

국내 여행업계는 이번 롯데그룹과 JTB의 진출을 계기로 무한 경쟁 시대를 예고하다. 지난 3월 삼성에버랜드가 사업목적에 여행과 운송 관련 서비스를 추가한 바 있어 삼성그룹의 여행업 진출도 코앞에 두고 있기 때문이다. 노동집약 서비스 산업인 여행업에까지 대기업들이 경쟁적으로 뛰어든다는 것은 1만여 영세 여행업체들의 입장에서는 절체절명의 위기로 느껴질 수도 있는 상황이다. 최근 전개되고 있는 이러한 시장의 요동이 시장 질서를 교란시키지 않도록 업계 스스로 시장 내 유통 채널 간의 역할을 재정비하는 것은 물론 관련 기관에서도 영세한 업계가 피해를 입지 않도록 제도적인 안전장치를 마련해야만 할 것이다.

특히 일본인 관광객 대상 인바운드 시장은 그간 과당 경쟁과 낮은 수익성으로 국내 랜드 업계 모두가 소위 죄수의 딜레마에 빠져 어려움을 겪어 왔는데 이번 롯데·JTB의 등장이 왜곡된 시장 질서를 바로잡아 건전한 시장으로 거듭날 수 있는 계기가 될 수 있길 기원하는 마음 간절하다. <2007. 5. 7>

방관하고 있는 조류인플루엔자 타격

동남아에서 시작된 조류 인플루엔자(Avian Influenza; AI)가 전 세계적으로 확산됨에 따라 인체 감염에 대한 불안감도 고조되고 있다. 그동안 중국을 비롯한 아시아 지역에서 주로 보고되었던 조류 인플루엔자의 인체 감염이 최근 독일과 오스트리아에서 공식 확인된 데 이어 덴마크에서도 감염 의심사례가 발생했다는 보도가 있었다. 우리가 알고 있는 것과는 달리 조류 인플루엔자는 근년에 처음 발생한 것이 아니라 20세기 초반 이미 스페인 등의 유럽에서 발생하여 당시 수백 명의 귀중한 생명을 앗아간 기록이 있다. 조류 인플루엔자는 1930년대 이후 세계적으로 발생하지 않다가 1983년 벨기에, 프랑스 등 유럽에서 다시 발생하기 시작한 이래 현재는 아프리카를 포함한 세계 각국에서 약병원성을 비롯한 고병원성 조류 인플루엔자가 잇따라 발생하고 있어 전 세계를 불안감 속으로 몰아넣고 있다. 조류 인플루엔자는 주로 조류에게 발생하지만 종간 벽(interspecies barrier)을 넘어 사람에게도 감염되고 있다. 조류 인플루엔자가 인체에 감염될 경우 고열과 심한 호흡기 관련 증상을 유발하면서 폐렴이나 급성호흡부전으로 사망하게 되는 등 치사율이 매우 높은 것으로 알려져 있다. AI의 인체감염으로 1997년 홍콩에서 6명이 사망한 이래, 2006년 2월 현재 베트남 42명, 인도네시아 18명, 태국 14명, 중국 8명, 터키 4명 등 주로 아시아 지역에서 희생자가 집중적으로 보고되고 있다. 우리나라에서도 2003년에 충북 음성에서 조류 인플루엔자가 발생해 전국적으로 확산되었으나 약병원성으로 인체에는 전염되지 않는 것으로 알려져 있다가 최근에야 인체 감염 사실이 확인되면서 관계 당국을 긴장시키고 있다. 이처럼 아시아 지역에서 조류 인플루엔자 인체 감염자가 유독 많이 발생하는 이유는 동남아시아와 중국 남부 지역에서 전 세계 가금류 유통량의 약 90%가 사육되고 있는데다가 이들 지역에서는 가금류 사육장과 주거 공간이 대부분

분리되어 있지 않기 때문이다. 우려스러운 것은 조류 인플루엔자 인체감염 사례가 가장 많이 보고되고 있는 동남아시아 국가들과는 우리와 상호 교류가 계속적으로 증대되고 있어 우리 관광산업에 심각한 타격을 입힐 수 있다는 데 있다.

지난 십여 년간 주기적으로 발생해온 쓰나미, 사스, 테러, 외환위기 등은 그동안 우리 관광산업에 심각한 타격을 주어 왔다. 이런 대규모 재난들의 대부분은 사전에 예고되지 않아 대처가 어려운 경우가 많았지만 조류 인플루엔자는 여행업계의 대비에 따라 얼마든지 그 폐해를 줄이거나 없앨 수 있는 경우이다. 그러나 조류 인플루엔자가 관광산업에 초래할 심각한 위협에도 불구하고 여행업계 자체는 물론 관광협회 등의 관련 단체나 문화관광부 등의 당국에서 이 문제의 심각성을 인식하지 못하고 강 건너 불구경하고 있는 듯하여 안타깝다.

아직 세계보건기구(WHO)의 권고사항이 아니어서 베트남, 태국, 캄보디아, 인도네시아 등 AI 인체감염 국가의 방문을 규제할 단계까지는 아니지만 조류 인플루엔자의 인체감염 예방을 위해서는 이들 지역 취항 항공기의 소독 및 청소, 항공사 승무원 대상 의사(疑似) 환자 탑승 발견 시 대처요령 교육 등의 적절한 조치가 반드시 이루어져야 한다.

이 밖에 외출 후 손 씻기 등 개인 청결 유지, 닭·오리 등 가금류 완전히 익혀 먹기, 국외 AI 인체감염 현황에 대한 적절한 보도와 홍보, 감염 지역 방문자 대상 개인 안전수칙 교육, 관련 웹 사이트 운영 등 관광업계와 당국의 조류 인플루엔자 폐해 예방을 위한 조직적인 캠페인이 절실한 시점이다. <2006. 5. 8>

관광산업의 위기관리

해마다 반복되는 장마철이 돌아왔다. 기후와 지형 특성상 한반도는 매년 막대한 태풍과 장마의 피해를 입고 있다. 금년의 태풍과 장마피해를 앞두고 정부는 어떤 위기관리 시스템을 가동하고 있는지 궁금하다. 이라크에서 테러리스트들에게 무참히 참수된 김선일 씨 피랍사건은 우리를 암울하게 하고 있다. 테러리스트들에게 속수무책으로 당할 수밖에 없었던 약소국으로서의 우리 입장도 야속하려니와 사건에 대해 우리 정부가 취한 일련의 대처를 지켜보면서 과연 우리 정부에 위기관리 시스템이 가동되고 있는지에 대한 궁금증을 더하고 있다. 이번 사건이 해외가 아닌 국내에서 발생했다면 우리 관광업계는 또 한 번 치명적인 손실을 입었을 것이다. 그러나 테러가 해외에서 발생했다고는 하지만 테러리스트들이 국내에 잠입하여 암약할 잠재적 위험은 늘 우리를 위협하고 있다. 실제로 세계를 경악시키고 오늘날 이라크 사태의 도화선이 된 9·11테러 당시, 알카에다는 테러 대상지로 한국과 일본을 포함한 시나리오를 가지고 있었다는 뉴스는 우리의 잠재 위기가 언제든지 현실화될 수 있음을 시사하고 있다. 관광산업은 국제정세와 질병, 테러 등에 지극히 민감하고 취약한 구조를 가지고 있다. 우리 관광업계는 테러뿐만 아니라 우리의 최대 관광시장인 한일관계와 한중관계의 악화 그리고 외환 위기나 사스(SARS)를 통해 이미 막대한 피해를 경험한 바 있다.

산업 측면에서의 위기는 예측하지 못한 상황에서 발생한 사건이며 잘못 대처할 경우 조직 또는 산업 전반에 중대한 위협과 손실을 초래할 수 있다. 위기관리란 위기로 비롯될 부정적인 결과를 예방하거나 최소화함으로써 조직과 산업을 보호하는 것을 말한다. 커뮤니케이션 학자 쿰즈(Coombs)는 위기가 예방(prevention), 대비(preparation), 실행(performance), 학습(learning)의 네 단계를 통해 관리될 수 있다고 주장하고 있다. 예방이란 위기를 피하기 위한 준비이며, 대비는 취약점 진단, 위기관리팀과 대변인의 선정 및 교육, 위기 포트폴리오 구성, 위기 커뮤니케이션 시스템 정비 등을 포함하고, 실행은 가상훈련과 실제 상황에서의 실행 등이 포함되고, 학습단계는 가상 및 실제 위기 실행에 대한 평가, 미래에 대한 대비, 문제점 개선 등 실행단계에서의 경험을 제도화하는 과정을 말한다.

위기는 결국 사전 예방과 위기 경험으로 관리될 수 있는데 예방은 위기 정보를 사전에 스캐닝하고 모니터링하는 위기관리 전담부서의 상설화가 선결 조건이며 최선의 위기관리는 위기를 사전에 예방하는 것이다. 그러나 어차피 경험해야 할 위기라면 위기경험 과정 관리를 통해 피해를 최소화하고 사후 위기 예방을 위한 시스템 구성에 도움이 될 수 있어야 한다. 위기에 대한 커뮤니케이션 관리 역시 대단히 중요하다. 사건, 사고가 발생하면 우왕좌왕하는 상황에서 대응하지 못하는 경우가 대부분이기 때문에 위기 가능성을 상정한 대응 시나리오를 마련함으로써 위기에 적절히 대처할 수 있어야 한다. 이 경우 위기관리 매뉴얼을 준비하여 도상 연습을 하고 관련 당사자들을 교육시킨다면 훨씬 더 효과적으로 대응할 수 있을 것이다.

마지막으로 위기관리 커뮤니케이션에서 가장 중요한 것은 진실만을 말하고 정직하게 대처함으로써 관련 당사자들의 신뢰를 확보하는

것만이 위기로 인한 손실을 최소화하거나 국면을 전환할 수 있는 최
선의 방법임을 잊어서는 안 될 것이다. <2004. 7. 5>

프리비가 성공하려면

시장에 상품이나 서비스가 난무하게 되면 마케터들은 자기 상품이
나 서비스에 대한 고객의 인지도를 높이기 위해 여러 가지 프로모션
을 전개하기 마련이다. 우리 여행시장에도 여행상품이 난무하게 되
면서 여행상품의 주 제공자들인 관광청, 항공사 그리고 투어 오퍼레
이터 역시 여러 가지 다양한 프로모션활동을 적극적으로 전개하고
있다. 여러 형태의 프로모션 중에서 무형상품을 취급하는 여행업계
가 가장 선호하고 있는 방법은 아무래도 팸투어이다. 대개 비용을
절약하기 위해 비수기에 많이 시행되는 팸투어는 교육목적으로 이루
어지기 때문에 그 대상이 주로 여행사 실무자들이거나 전문지를 포
함한 언론인들이다. 신상품개발이나 기존 상품의 효과적인 마케팅을
위해서는 여행사 실무자 대상 교육이 필수적이고 또 언론매체를 통
한 홍보 역시 매우 중요하기 때문이다. 그러나 팸투어의 이러한 긍
정적인 측면에도 불구하고 우리 업계에서 이루어지고 있는 팸투어
행태에는 적지 않은 문제점을 가지고 시행되고 있는 것이 현실이다.
여행사 직원 대상 팸투어는 많은 경우 상품기획이나 답사여행보다는
여행사 직원들에 대한 포상여행 성격으로 선택되어 관리직원들이 인
선되는 일이 허다하여 팸투어 주최 측의 원성을 사고 있다. 이런 문

제들을 일찍이 경험한 서양 선진국 여행업계는 팸투어 자체를 상품으로 개발하여 참가비의 일부를 유료화하여 판매함으로써 문제를 해결하고 있다. 언론인 대상 팸투어의 경우도 미국의 유수 일간지인 뉴욕타임스나 LA타임스 등은 아예 여행업계의 무료 팸투어 제의를 받아들이지 않음으로써 현지 여행 후 기사의 공정성을 유지하고자 노력하고 있다. 관광지에 관한 기사는 그 성격상 관광지 매력 위주의 소개가 우선될 수밖에 없을 것이나 실제 시장에서는 그 어떤 관광상품도 완벽하게 제공될 수는 없다. 따라서 관광상품을 소개하는 기사도 객관적인 시각에서 매력과 불편사항을 동시에 소개해야만 독자들에게 완벽한 서비스를 제공할 수 있을 터이다. 그러나 중앙의 일간지를 포함해서 전문지에 이르기까지 관광상품의 장점과 단점을 균형 있게 다루고 있는 기사는 좀처럼 찾아보기 힘든 게 우리의 현실이다.

상품을 홍보 또는 마케팅하기 위해 팸투어를 주관하는 주최 측 역시 아마추어적인 방법으로 팸투어를 시행하는 경우를 많이 접하게 된다. 손님을 청하였으면 시종일관 최선을 다해 접대하여야 한다. 어정쩡한 손님접대

자료 : 박수빈

는 대접을 아니 한만도 못한 것이다. 손님을 공짜(freebie)로 대접한다고 해서 손님의 자존심을 상하게 한다거나 손님을 구차하게 만든다면 차라리 손님을 청하지 말았어야 하는 것이다.

중국의 고사에는 손님을 배웅할 때는 반드시 집에까지 데려다주라는 격언이 있다. 손님을 청해서 아무리 접대를 잘했다고 해도 손님을 집에까지 배웅해야 할 경우라면 도중까지만 손님을 배웅해서는 초청해 대접하지 아니 한만도 못하다는 것이다.

고객이 상품을 구매하기 전에 직접 평가할 수 없는 무형상품을 취급하는 여행업계는 팸투어 이외에도 많은 프리비들을 제공함으로써 고객의 관심을 끌고자 노력한다. 관광전시회에서나 각종 설명회 후 제공되는 선물(giveaway)이나 브로슈어, 포스터 등의 홍보물도 받고 돌아서자마자 버리는 것들을 제공해서는 받는 측이나 주는 측 모두에게 낭비일 뿐이다. 간단한 선물 한 가지라도 정성스럽고 가치 있게 만들어 제공함으로써 소중하게 사용되거나 보관할 수 있게 하여야만 온갖 상품이 난무하는 시장경쟁에서 상대적인 우위를 확보할 수 있을 것이다. <2004. 5. 7>

비자 커미션과 지문 채취

미국 동부에서 상당 기간 주재 근무한 경험이 있는 필자지만 오랜만에 가족을 동반하여 미국 서부의 관광명승인 그랜드캐니언과 라스베이거스 등을 처음으로 둘러볼 기회를 가졌다. 국적항공사가 마일리지 혜택을 줄이겠다고 소비자를 협박하는 통에 급하게 이루어진 여행이다. 아이들 사정을 감안하여 방학 기간 중에 여행을 끝내기로 하고 미국 대사관에 비자를 신청하니 수수료만 1인당 미화 100불이나 되어 4인 가족 기준으로 50여만 원에 달하였고 우편접수만으로 처리되는 비자 발급 기간도 2주 정도 걸리는 번거로운 절차였다. 그나마 비자를 미대사관 홈페이지를 통해 온라인으로 직접 신청했으니 망정이지 여행사를 이용했다면 여행사 수수료가 1인당 5만 원 정도 추가되어 비자 취득비용만으로도 가까운 동남아 패키지여행을 할 수 있을 정도의 엄청난 액수다.

겨우 비자를 얻어 13년 만에 접한 미국은 여전히 풍요롭고 쾌적한 분위기였지만 미국 출입국 절차만큼은 그 사이 크게 변화된 모습이다. 10여 년 전의 미국 공항은 손님 영접을 위해 CIQ 안의 게이트까지 접근할 수 있을 만큼 자유로웠었다. 하지만 이번 미국 여행 경험에서는 9·11사태의 영향으로 공항 보안 점검이 매우 까다롭게 진행되고 있어 출입국 수속 시간이 배 이상 길어졌다. 더욱이 미국 입국자 모두에게 좌우 양손 검지의 지문채취를 요구하고 있어 마치 범죄를 저지른 후 감옥에라도 들어가는 느낌을 강하게 받았다.

미국 방문자 대상 지문 채취는 명분상으로는 테러분자들의 미국 입국을 저지하는 것으로 되어 있지만 미국 내 불법 체류자들을 포함 외국인들을 감시하기 위한 수단으로 활용되고 있다는 인상을 지울 수가 없었다. 그렇지만 우리나라 사람들이 미국에서 테러를 행하고 있다는 보도를 아직까지 접한 적이 없고 우리나라를 방문하는 미국인들 역시 지문채취 없이 자유롭게 한국을 방문하고 있다. 우리도 미국인들에 대해 지문채취를 실시하든지 미국 당국에 우리 여행자들에 대한 지문 채취를 면제해 줄 것을 요청하여 우리 국민에 대한 지문 채취를 중단하도록 유도하여야 한다.

미국 입국 비자 역시 대부분의 유럽 국가들과 이웃 일본 등은 비자 면제 혜택을 받고 있는 데 반해 우리나라는 비자면제는커녕 베트남이나 캄보디아 같은 후발국들에서나 받고 있는 고액의 비자커미션까지 챙기는 후진국 수준의 대우를 받고 있다. 미국의 비자면제 정책은 미국 방문자들의 미국 불법 체류율이 기준인데 우리나라의 경우 비자를 면제해 줄 수 있는 수준의 불법 체류율을 아직까지 유지하지 못하고 있다는 것이다. 그렇지만 우리나라 여행자에 대한 미국 비자면제에 관해서는 주한미국상공회의소(AMCHAM)조차도 과거 수년 동안 꾸준히 미국 정부에 건의해온 사안이다. 비자문제에 관해서도 우리 관련 당국과 협회 등이 주한미국상공회의소 등과 공조하여 우리 국민에 대한 비자면제가 조속히 이루어질 수 있도록 협력해나가야 할 것이다.

여행 중에 경험한 미국사람들의 한국에 대한 인식 변화는 괄목한 것으로서 샌프란시스코에서 시내버스에 올랐더니 버스 기사가 우리 가족이 한국인임을 금방 알아차리고 아는 체를 해왔다. 해발 2500미터의 심심산골인 그랜드캐니언 입구 윌리암스라는 조그마한 도시의 패밀리 레스토랑에 들렀더니 이 식당 주인도 우리가 한국인임을 금방 알아차리고 김치를 따로 제공해 주어 한식에 목말라 있던 우리 가족의 갈증을 채워주었다. 관광지 안에서 미국인 가족들의 사진을 찍어주면서 김치를 연발해도 자연스럽게 따라할 만큼 미국은 우리에게 가깝게 다가와 있는데 미국 출입국 당국이나 미국 관광시장 개척을 담당하고 있는 우리 관광 당국만이 구태의연한 모습인 것이다. <2004. 3. 5>

섹스산업과 관광

태국 여행길에 방콕의 돈무앙 공항서점 서가에 진열되어 있던 페이퍼백 한 권이 필자의 눈을 강하게 끌어당겼다. 루이스 브라운이라는 영국인이 쓴 '성의 노예들(sex slaves)'이라는 제목의 책자이다. 이 책은 서양인의 입장에서 아시아 각국에서 성행하고 있는 섹스산업의 문제점을 파헤치고 있다. 매매춘은 아시아에서만의 문제도 아니고 어제 오늘의 문제도 아니건만 저자가 굳이 아시아 지역의 매춘을 주제로 하여 이 책을 쓴 이유는 아시아에서의 매매춘이 그 규모나 행위에 있어서 다른 지역에 비해 심각한 양상이기 때문이다. 아시아 지역의 매매춘은 태국, 필리핀, 중국 등에서 관광객을 대상으로 급격히 확산되고 있다. 태국의 경우 소위 3S(sun, sand, sex)관광지로는 완벽한 관광목적지로 세계적인 명성을 가지고 있는 나라다. 태국의 한 대학교수인 티나쿤 박사의 매춘 실태에 관한 조사보고서에 따르면 소득 수준의 향상과 태국 정부의 가난극복 정책추진에도 불구하고 지난해 매매춘 인구는 5만 명이나 증가한 것으로 나타났다. 이 조사에 의하면 2002년 기준 태국의 매춘 인구는 280여만 명에 달하고 있는데 이 가운데는 200만 명의 성인 여성, 2만 명의 성인 남성, 80여만 명의

18세 미만 미성년자를 포함하고 있으며 매춘 업소도 6만 개소에 이르는 것으로 보고되고 있다. 이처럼 점증되고 있는 매춘의 사회적 문제점을 해결하기 위해 태국 법무부는 지난해 11월 매매춘의

섹스산업의 대모, 베아테 우제

법제화를 포함하는 섹스산업에 대한 공청회를 개최하였으나 매매춘 종사자나 매춘 퇴치 운동가들 모두에게 실망만을 안겨준 채 아무런 결론을 내리지 못한 바 있다.

세계보건기구(WHO) 역시 아시아의 섹스산업이 홍등가로부터 교외나 상업 지역 등 사회 전반으로 확산되고 있으며 그 주인공도 가난한 윤락녀로부터 중산층의 학생과 회사원으로 바뀌어가고 장소도 주택이나 사무실까지 확대되고 있음을 우려하고 있다. 섹스산업의 이 같은 확산에 따라 태국, 말레이시아, 필리핀, 인도 등의 섹스산업은 국민총생산의 2%에서 14%에 달하고 있는 것으로 나타났다. 중국 역시 최근 가속화되고 있는 개혁·개방에 편승, 섹스산업이 번창일로에 있으며 이 같은 분위기가 외국에 소개되면서 새로운 섹스 관광대국으로 부상되고 있다. 비공식적인 통계에 의하면 중국의 매매춘 종사자는 최소 1,500만 명에서 최대 3,000만 명에 이를 것으로

추산되고 있다. 베이징에 성업 중인 약 2,000개의 가라오케 업소들이 고용하고 있는 중국판 노래방 도우미인 싼페이샤오제(三陪小姐)들의 매매춘으로부터 동반자와 함께 오지 않은 골퍼들과 같이 라운딩한 후 잠자리까지 완벽하게 해결해 주는 최고급 매춘에 이르기까지 중국의 매매춘은 다양하다. 몇 해 전 여든한 살의 나이로 사망한 독일 섹스산업의 대모 베아테 우제 여사는 지난 50년간 독일 섹스산업을 이끌어온 여걸로서 섹스문화에 대한 거리낌 없는 발언으로도 유명하다. 우제 여사가 1962년 독일 플렌스부르크에 설립한 베아테 우제사는 독일과 유럽 지역에 150여 개의 섹스숍과 포르노 상영관을 직영하고 있으며 최근에는 인터넷을 통한 통신판매가 크게 늘어나는 등 이 회사의 매출액은 연 1억 5천만 달러에 달하고 있다. 특히 이 회사가 지난 1996년에 750만 달러를 들여 베를린 한복판에 세운 에로박물관은 전 세계에서 수집한 5천여 점의 섹스 관련 용품들을 전시하고 있어 관광명소가 되고 있다. 섹스용품 판매 사업 초기에 우제 여사는 종교단체와 여성단체들로부터 외설물을 선전하고 판매한다는 이유로 숱한 고소와 고발을 당하는 등 법적 분쟁에 시달렸으나 그녀는 자신의 사업이 섹스에 대한 인간의 욕망을 충족시킴으로써 인간의 자유를 확대하는 데 기여한다는 신념으로 의연하게 대처해옴으로써 오늘날의 명성과 부를 함께 거머쥐게 되었다. 우제 여사는 일흔세 살까지 자가용 비행기를 직접 조종했으며 일흔 살 이후에 골프와 테니스를 배워 즐겼는가 하면 노년에도 왕성한 성생활을 즐기고 있다고 고백한 바 있다.

인간의 성에 대한 관심은 동서고금이 다를 바 없다. 다만 그 행태나 문화에 있어 생활을 윤택하게 하느냐 아니면 삶을 파멸로 이끄느냐의 차이가 있을 뿐이다. <2004. 2. 6>

관광산업의 시너지 효과

우리나라에 관광산업다운 관광산업이 처음 도입된 것은 1960년대 중반 이후로 보아야 할 것이다.

이 시기에 다른 산업과 마찬가지로 박정희 정권의 수출 드라이브 정책에 힘입어 관광산업도 괄목할 만한 발전을 이룩했으며 특히 박 대통령의 관광산업의 외화획득 효과에 대한 각별한 관심은 우리나라에서의 관광 인프라 구축에 큰 기여를 했다. 이 시기에 우리의 주 시장인 일본인 해외여행 자유화가 시행돼 마침 구축된 관광인프라와 함께 우리나라 관광산업 발전의 초석이 됐다. 그러나 우리나라 관광산업의 태동기에서부터 최근에 이르기까지 정부는 정부대로, 업계는 업계대로 관광 산업의 과실만을 각각 추구하려 했기 때문에 관광산업에서의 시너지 효과를 거두는 데는 어려움이 많았다. 세계 최대 관광 외화 수입국(收入國)인 미국의 경우 관광산업은 민간에 의해 주도되고 있다. 우선 미국에는 연방정부 차원에서 관광을 주도하는 주무부서가 없다. 그렇다고 정책적인 차원에서 미국이 관광산업의 중요성을 무시하고 있는 것은 아니다. 연방 정부 차원의 관광정책 결정이 정부 기관 대신 순수 민간기구인 미국관광업협회(TIA)의 주도로 이뤄지고 있을 뿐이며 관광목적지 진흥·홍보 사업은 주 정부

차원에서 대부분 주도되고 있다. 연방정부 차원의 관광정책 부서가 없는 대신 대통령과 업계 대표의 접촉은 민간위원회를 통해 매년 이뤄지고 있다. 독립된 관광정책 주관 부서가 없기 때문에 미국에서는 정부와 민간부문의 협력이 대단히 중요하고 또 중요한 만큼 협조가 잘 이뤄지고 있다. 이를테면 민간 주도로 이뤄지는 전국 규모의 회의에 업계는 물론 지방 정부인 주 정부 관광 당국자, 학계 관련자 등의 참여가 적극적으로 이뤄져 미국 관광산업 발전을 위한 공통분모를 찾기 위해 함께 노력하고 있는 것이다.

다행이 우리나라도 최근 PATA 한국지부의 주도로 미국과 같은 바람직한 현상을 보이고 있다. 과거 수십 년간 파타 한국지부 역시 회원들 간의 이해와 친선·친목만을 추구해왔으나 지난해부터 그 참가 범위를 넓혀 한국 관광산업을 이끌고 있는 모든 집단들이 함께 참여해 우리나라 관광산업 발전을 위한 컨센서스를 추구하는 범 관광업계 모임으로 변신해 나가고 있는 모습이다. 이러한 정보 교류와 비즈니스의 장은 관광협회 차원에서 오래전부터 시행돼 왔어야 할 것이지만 주최를 누가 하느냐, 언제 시작을 했느냐는 중요한 문제가 아닐 것이다. 다만 행사 효과의 극대화와 모임의 발전을 위해서 행사 주최 측에게 몇 가지 제안을 하고자 한다.

첫째, 모임의 시너지 효과를 극대화하기 위해서는 업계는 물론 중앙·지방 정부의 관광 담당 공무원·대학 교수·업종별 협회 등 이해 관계자 집단의 참가를 극대화시켜야 한다.

둘째, 해마다 개최되는 공사 해외지사장 회의를 이 시기와 병합해서 개최해야 한다.

셋째, 행사 효과를 극대화하기 위해 세미나·전시회 등의 개최를 통해 정보 교환과 비즈니스 기회를 부여함과 동시에 식 전후 행사 등을 통해 전 관광인의 축제가 될 수 있도록 알찬 프로그램을 준비해야 한다.

넷째, 관광 관련 해외 인사들도 참여시켜 정보 교환 및 사업 확대의 계기가 될 수 있도록 해야 한다.

다섯째, 업계·유관기관·공무원 등 대표자 및 고위직 위주의 행사를 위한 행사나 의전 위주의 행사보다는 실무자 주축의 실질적인 행사가 될 수 있어야 한다.

아무쪼록 새로운 모습으로 변신하고 있는 파타 한국지부 총회 행사가 한국관광업계에는 축제와 사업 확대의 마당이 되고 행사 개최 도시나 지역에게는 해당 지역 관광 산업 발전을 위한 획기적인 계기가 될 수 있길 기대한다. <2002. 2. 1>

적과의 동침

국내 양대 항공사인 대한항공과 아시아나항공이 자본제휴를 통해 온라인 여행사를 공동으로 설립하기로 했다는 보도다. 양사가 체결한 의향서에 따르면 독립 법인 설립을 위한 사업 모델개발과 파트너 선정, 홍보 마케팅 등 모든 분야에 걸쳐 협력하기로 한 것으로 되어 있다.

이번에 국적 항공사 간에 체결된 의향서는 국내 항공사 간 최초의 자본제휴라는 점과 국적 항공사의 온라인 여행업 진출이라는 점

에서 업계의 초미의 관심이 되고 있다. 신설되는 포털사이트는 전 세계 항공편 예약 및 판매는 물론 여행 패키지, 크루즈, 국내외 호텔, 렌터카 등의 판매도 가능할 것이기 때문이다. 여행업계가 비상한 관심을 갖는 가장 큰 이유는 신설되는 에어라인 포털 사이트가 여행업계의 업무 영역을 침범, 업계의 파이를 잠식할 것에 대한 우려에서 비롯되고 있다고 볼 수 있다. 그러나 항공운송산업에서의 업무 제휴는 북미를 위주로 한 국내 항공운송산업이 국제항공운송산업으로 그 업무 영역이 확장되면서 산업의 특성상 국가 간 항공사 간 협력의 필요성이 증대되면서 확대되고 있는 게 현실이다. 항공사 간의 제휴는 독립 항공시간, 글로벌 네트워크 간, 동일한 글로벌 제휴 그룹 내에서의 제휴 등 다양한 형태의 제휴가 이루어지고 있다.

글로벌 네트워크는 제휴 항공사 그룹에 의하여 만들어진 글로벌 항공사 네트워크이며 제휴 항공사는 컴퓨터 예약시스템의 공동 사용, 일괄 운임 및 발권, 자동 수화물 운송, 비행 스케줄과 비행코드 공용, 공동 마케팅, 상용우대권의 공영 등을 통하여 소비자들에게 유연한 서비스를 제공하는 것이다. 항공사 간 제휴는 경영관리 제휴·특정 노선 제휴·코드 셰어링·포괄적 마케팅 제휴·자원 공유 제휴·지분소유 제휴 등이 있을 수 있다. 글로벌 제휴는 하나의 네트워크 개념으로서 국내 제휴와 동일 지역 간 제휴의 한계를 벗어나서 대륙 간을 잇는 범세계적인 연결망을 구축하고 있다.

글로벌 제휴 그룹은 각 지역 거점에서 이미 시장의 입지를 확고히 한 항공사를 파트너로서 필요로 하고 있으며 제휴 그룹은 파트너들의 지역 노선망의 강점을 최대한 이용함으로써 글로벌 네트워크 구성 효율성이 극대화를 꾀하고 있다. 국내 국적 항공사 간의 에어라인 포털 사이트 구축도 양사만의 필요에 의해 구축되고 있는 것이 아니고 미국 유수 항공사들인 아메리칸항공·컨티넨탈항공·델타항공·노스웨스트항공 간의 연합 포털 사이트인 오비츠(Orbitz)에 대항하기 위해 구축 중인 유럽의 유수 항공사인 에어프랑스·영국항공·루프트한자 등의 연합인 OPT·일본의 일본항공·전일본항공과 유나이티드항공 등이 제휴한 JJW·일본항공사들을 제외한 싱가포르 항공·캐세이페시픽항공 등 동남아 항공사들의 연합인 TEA 등의 지역별 연한항공사 포털 사이트에 대비하기 위한 것이다.

구조조정·기업합병·업무제휴는 이 시대를 살아가는 우리 모두에게 부여된 명제이다. 정부 차원에서도 국가 경쟁력 확보를 위해 공공 분야, 금융 및 재벌 등의 개혁을 많은 희생을 치르면서 강행하고 있다. 개인이건 조직이건 경쟁력을 갖지 않으면 살아남을 수 없기 때문이며 살아남기 위한 경쟁력은 소비자의 수요에 의해서만 결정될 수 있을 뿐이다.

우리 여행업계도 새로 생겨날 에어라인 포털 사이트가 업계에 미칠 손실을 계산하기보다는 무엇이 궁극적으로 소비자들에게 도움이 될 것인지를 판단하여야 한다. 항공사를 포함한 업계의 업무 제휴나 적과의 동침도 업계 자체의 시너지 효과나 이해보다는 소비자의 의사를 존중할 수밖에 없을 것이며 그 성공 여부도 소비자만이 결정할 수 있다는 사실을 명심하여야 할 것이다. <2001. 2. 1>

문화유산 보존과 패러다임의 변화

태국 북부의 휴양도시 치앙마이에서는 타이항공 주최로 '세 문화의 경이(The Wonders of 3 cultures)'라는 이벤트가 개최되었다. 타이항공이 라오스의 루앙프라방과 미얀마의 양곤에 새롭게 취항하는 것을 계기로 치앙마이를 태국 북부의 허브공항으로 육성하기 위해 열린 이 행사에는 신규 취항 도시의 문화유산에 대한 소개와 함께 국제선 비행기의 신규 취항에 따라 많은 관광객들의 유입으로 훼손이 예상되는 유네스코 지정 세계문화유산인 라오스의 루앙프라방의 보존 방법을 논의한 세미나도 함께 열렸다. 그동안 문화유산의 보존에 관해서는 1972년의 문화유산컨벤션 선언문, 1994년의 나라 문서(Nara Document) 그리고 호이 안(Hoi An)의정서 등에 의해 그 보존의 중요성과 보존 방법 등이 규정되어 왔었다. 이들 국제회의에서 토의된 종전의 문화유산 보전 방법은 문화유산 보호의 당위성, 문화의 다양성 보장, 문화유산 보호와 관리의 책임 소재, 문화유산 보호 및 관리 방법에 관한 지침 제시 등에 집중되어 왔었다. 그러나 이번 세미나에서는 문화유산 보전에 관한 패러다임의 변화가 논의되었는데 지역사회의 참여 유도를 통해 새로운 문화유산 보전 모델을 창출하는 것이 새로운 패러다임의 핵심 개념이다. 새로운 문화유산 보전 모델은 문화유산의 장기적인 보호, 문화유산 보존 지혜의 전수 그리고 유·무형 문화자원의 보존 촉진 등을 보장하게 하는 데 중점을 두고 있다.

치앙마이 세미나에서는 새로운 문화유산 보전 모델 사례로 라오스의 루앙프라방이 제시되었다. 루앙프라방은 70년대의 정치적인 혼란

라오스 루앙프라방의 한 사원

과 격변기를 거치면서 전통 불교신자가 급격히 감소된 지역이나 최근에는 젊은 승려들의 수가 증가하고 전통 신앙에 기반을 둔 교육이 활성화되면서 문화유산에 대한 보수 예산이 증대되고 있음에도 불구하고 오히려 문화유산 보전에는 역효과가 빚어지고 있는 곳이다. 이러한 역효과를 극복하기 위해 새로운 문화유산 보전 모델은 노인 장인들과의 인터뷰를 통한 교육 매뉴얼과 다큐멘터리 필름의 제작 그리고 비교적 문화유산 보전이 잘 이루어지고 있는 치앙마이와 네팔의 카트만두 계곡 등에 연수를 시행하는 한편 연수센터의 건립, 장인들에 의한 도제식 연수 시행과 정부 기관에 의한 문화유산 보전 인증제의 도입을 포함하고 있다.

174

특히 관광은 새로운 문화유산 보전 모델에서 문화유산 보존 위주 개발의 원동력이 되고 있는데 이는 관광이 문화유산의 인지도를 높이는 촉매 역할을 수행하고 지속가능한 문화유산 보전의 수단이 될 수 있기 때문이다. 그러나 효과적인 보전을 위해서는 관광은 문화유산구역의 수용능력 범위 내에서만 이루어져야 하고 관광개발 역시 전체적인 지역개발계획의 일환으로 시행되어야만 하는데 문화유산의 장기적인 보전은 결국 개발과 보전의 균형에 의해서만 이루어질 수 있기 때문이다.

세계에는 현재 582개소의 문화유산과 149개소의 자연유산 그리고 23개의 문화·자연 혼합유산을 합쳐 모두 754개소의 유네스코 지정 문화유산이 있다. 아시아 지역의 주요 지정 문화유산으로는 창조적인 걸작을 대표하는 인도의 타지마할, 멸실된 전통문화의 증거물인 라오스의 루앙프라방, 현대 문명에 의해 소멸될 위기에 처해 있는 삶의 터전인 필리핀 코딜레라스의 논(畓) 계단, 세계적인 사건과 연루된 기념물인 일본의 히로시마 전쟁기념관 등이 있다.

우리나라에도 창덕궁, 수원화성, 종묘, 석굴암·불국사, 해인사 장경판전, 경주 역사유적지구 그리고 고창, 화순, 강화의 고인돌이 유네스코에 의해 세계문화유산으로 등록되어 있다. 하지만 세계문화유산 등록이 이들 문화유산의 보전까지 보장하는 것은 아니다. 세계문화유산에 대한 자긍심을 갖기 이전에 이들 유산에 대한 보호와 관리가 철저히 이루어질 수 있도록 스스로 노력해야 할 것이다. <2003. 12. 5>

노커미션시대의 생존전략

미국의 주요 항공사들이 과거 40여 년간 여행사에 지급해 오던 항공권 판매 수수료를 지난 1995년부터 서서히 줄여오더니 급기야는 아예 지급하지 않겠다고 선언하자 미국 여행사들은 노커미션의 회오리를 넘어 살아남기 위한 몸부림이 한창이다. 인터넷 이용의 대중화에 편승하여 인터넷 회사들이 항공권뿐만 아니라 호텔, 렌터카, 패키지 상품을 싼 가격에 판매하고 있을 뿐만 아니라 서비스도 24시간 내내 제공하고 있으니 소비자들이 굳이 여행사를 통해서 커미션이 포함된 비싼 가격으로 항공권이나 기타 여행 상품을 구입해야 할 이유가 없다고 판단하고 있기 때문이다. 미국 여행사들이 항공사들의 이러한 항공권 판매 수수료 폐지 조치에 대응하고 있는 방법은 크게 두 가지인데 하나는 군소 여행사들이 통합하여 컨소시엄을 구성해 규모의 경제를 살려 생존을 도모하는 방법이며 다른 하나는 여행사의 전문성을 상품으로 내세워 이를 통해 소비자 만족을 이끌어내 마치 부동산 거래의 경우에서와 같이 소비자로부터 수수료를 받아내는 방법이다.

우리나라의 경우도 마찬가지지만 특히 미국에서의 여행업은 가족 구성원 소수가 운영해나가고 있는 대표적인 가족 경영 소매업이다. 과거 수십 년간 이러한 가족체제로 운영되어 오던 미국의 여행 소매 업체들은 항공사가 항공권 판매 수수료 지급요율을 점차적으로 줄여오자 여행사 컨소시엄을 구성하는 방법으로 생존을 도모하고 있다.

미국의 중소 여행사들이 컨소시엄의 우산 밑으로 여행사의 생존을 맡기려는 이유는 미국의 주요 항공사들이 일정한 항공권 판매 목표를 유지하는 여행사들에게는 커미션을 계속 지불하겠다는 인센티브 전략을 구사하고 있기 때문이다. 이러한 이유 때문에 1996년에 최고 3만 4000개소에 달하던 미국 내 여행사가 지난 6년간 21%나 줄어들어 2만 7000개소만이 영업을 하고 있으며 이 같은 감소 요인의 90% 이상이 여행사 간의 통합인 컨소시엄에 의한 것이다. 그러나 여행사들이 컨소시엄의 우산 속으로 계속 집결하는 경우 항공권 판매 쿼터를 무리하게 달성하기 위해 특정 항공사에 지나치게 의존할 우려가 있으며 이 경우 여행사는 소비자의 이해보다는 항공사의 이익을 우선하게 되는 폐단이 생길 수도 있을 것이다. 미국 여행사들이 추구하고 있는 또 다른 생존 방법은 여행사의 전문성을 키우는 방법이다. 소비자들이 여행사를 찾는 이유는 단순히 항공권 구입만이 목적이 아니며 여행일정을 변경하거나 추가하는 등 여행사의 전문적인 도움을 받아야 할 필요가 더 많기 때문이다. 여행사가 전문적인 자문을 통해서 소비자의 비용과 시간을 절약해 주어 보다 큰 만족을 여행자에게 제공할 수 있다면 여행사는 항공사로부터 커미션을 받는 대신 소비자에게 수수료를 청구할 수 있을 것이며 소비자 역시 만족한 서비스를 제공받은 대가로 흔쾌히 수수료를 지불할 수 있을 것이다. 이렇게 되면 여행사는 지금과 같이 여행상품 공급업자인 항공사·호텔·렌터카 등의 대리인 역할을 하는 것이 아니라 소비자인 여행자들의 대리인으로 거듭날 수 있을 것이다. 물론 지금까지의 사례는 미국 여행시장의 경우이며 미국과 우리나라와는 항공권이나 기타 여행상품의 유통체계가 다르고 여행문화 자체도 판이하게 다를 수 있기 때문에 우리 현실과는 전혀 동떨어진 세상의 애기로 들릴지도 모른다. 그러나 뉴욕 증시의 기침이 다음날 아침 우리나라 증시의 증권 시세를 널뛰게 하는 지구촌시대에 미국 항공사들의 항공권 판매 수수료 철회 조치에 대응한 미국 여행사들의 생존 몸부림은 적어도 우리 여행업계가 앞으로 지향해 나가야 할 방향을 제시해 주고 있다고 본다. <2002. 6. 7>

여행업계 위기극복론

미증유(未曾有)의 미국 본토에 대한 테러가 몰고 온 한파에 여행업계가 대응하고 있는 방법과 현실은 대략 다음과 같을 것이다.

'가'여행사: 가장 손쉽고 전통적인 방법인 구조조정을 즉각적으로 단행.

'나'여행사: 탄탄한 브랜드파워와 그간 쌓아온 신용 덕분에 모객과 매출액에 있어서 요지부동.

'다'여행사: 쌓아온 신용이나 브랜드 파워는 없지만 전 직원이 고통을 분담하며 어두운 터널을 헤쳐 나가기 위해 암중모색 중.

기업이 살아야 내가 산다.

여행업계에 불어 닥친 어려움은 이번이 처음은 아니다. 걸프전도 있었고 외환위기도 있었다. 우리의 주 시장 일본과는 걸핏하면 정치, 사회적으로 민감한 문제들이 불거져 그때마다 우리 여행업계에 커다란 고통을 안겨주었다. 이러한 어려움과 위기는 앞으로도 간단없이 우리 여행업계를 괴롭힐 것이다. 그게 인생살이이고 역동하는 환경 속에서 생존·발전해야 하는 기업으로서 여행사의 숙명이기도 하다.

문제는 우리에게 닥쳐오는 위기나 고통의 강도나 빈도가 아니라 어떻게 이러한 위기와 고통을 슬기롭게 극복해 가느냐 하는 것이다. 많은 기업들은 어려움이 닥치면 동고동락하던 한솥밥 식구들을 내치는 일부터 시작한다. 그러나 기업이 종업원을 내치던 안 내치던 위기는 지나가게 되어 있어 지금까지 극복되지 않은 위기는 없었다. 소나기는 잠시 내린 후 대지를 시원하게 해 주는 법이기 때문이다. 그렇지만 그 와중에서 기업은 흥망성쇠를 겪어 왔다. 기업의 흥망을 좌우하는 것은 위기나 환경이 아니라 기업을 운영하는 사람의 몫이기 때문이다. 기업하기가 어렵다고 사람부터 내치면 그다음에 내침을 당해야 하는 것은 기업 자체인 것은 불을 보듯 뻔한 이치이다. 반대로 어려움을 같이 감내한 직원들은 반드시 자신이 몸담고 있는 기업을 바로 세워놓을 수밖에 없다. 내가 사는 길이 기업이 사는 길이고 기업이 사는 길이 내가 사는 길이기 때문이다. 특히 종업원 의존도가 높은 여행업의 경우는 기업의 성패가 종사원의 사기에 전적으로 달려 있다고 해도 지나친 말은 아닐 것이다.

위기를 헤쳐 나가는 방법은 구조조정을 통해 몸집을 줄이는 소극적인 방법도 있지만 새로운 상품을 개발하여 일거리를 늘리는 적극적인 방법도 있다. 매년 10월에 양양에서 개최되는 송이 축제는 첫해에 겨우 천여 명의 관람객만을 유치하였지만 5년 차인 금년에는 자그마치 60배가 신장된 6만 명이 넘는 관광객을 유치하였다. 강원도 오지에 일본인 관광객을 포함해서 이렇게 많은 관광객을 유치할 수 있었던 것은 주최 측이 생송이 채취와 송이 요리 시식회 등 관광객의 입맛에 맞는 상품을 개발하여 일본 현지여행사 등을 통해 적극적으로 마케팅하였기 때문이다. 양양 송이 축제의 성공에 힘입어 울진과 봉화에서도 같은 축제를 기획하여 인기를 끌고 있다. 근년에 각급 지방자치단체가 앞 다투어 선거와 홍보용으로 개최하여 동네잔 치로 끝내는 다른 무수한 축제들과는 엄청난 차이를 보여준 사례다. 어려운 때는 기업만 어려운 것이 아니다. 사람들도 갑갑하고 지쳐 있다. 이런 때에 소비자들에게 무언가 갑갑함을 해소할 수 있는 계 기를 마련해 주는 것은 여행사의 의무이기도 하다. 이번의 테러 사 태는 감내하기 어려운 고통을 항공사를 비롯하여 여행업계에 안겨주 고 있지만 비교적 테러의 영향이 덜한 중국과 동남아 시장이 있고 더 안전한 내수 시장도 있다. 항공료가 싸진 틈새를 활용해 몰려들 고 있는 해외 교포들도 훌륭한 대체 시장이다. 특히 중국시장은 때 마침 불고 있는 한류 열풍도 있다. 많은 사람들이 지금 불고 있는 한류 열풍이 언제 거품처럼 삭아질지 모르겠다며 염려하고 있다. 이 어려운 판에 넝쿨째 굴러온 한류 열풍을 오래 오래 지속시키는 것 역시 우리 여행업계의 마케팅 능력에 달려 있다. 아무쪼록 세계를 강타하고 있는 테러 위기를 슬기롭게 극복함으로써 우리 여행업계가 튼튼하게 거듭날 수 있길 기원한다. <2001. 11. 2>

여행상품의 품질평가

최근 한 온라인 여행사가 인터넷을 통해 무료항공권을 제공하는 광고를 통해 수억 원을 챙긴 뒤 잠적한 사건이 있었다.

이 사건은 그 크기가 파악되지 않을 정도로 급신장하고 있는 온라인 여행업과 이들 여행사들을 통한 전자상거래 피해의 빙산의 일각을 전해 주는 사례로, 온라인뿐만 아니라 오프라인 여행업에 의한 소비자 피해가 나날이 증가하고 있어 정부차원에서도 이에 대한 대책을 마련하고 있다.

저질 여행상품으로부터 소비자를 제도적으로 보호하기 위해 문화관광부는 여행상품의 국가인증 품질 마크의 배타적 사용권과 관광진흥기금을 활용하여 우수 여행사에 대한 상품개발 및 시장개척비를 지원하여 여행사의 경쟁력 있는 상품개발을 유도하는 인센티브를 부여하는 것을 골자로 하는 여행상품 인증제 도입을 결정한 바 있어 향후 저질 여행상품 퇴출에 대해 정부가 적극적으로 대응해 나갈 것임을 시사했다.

정부와 지자체 관광행정 주무부서인 문화관광부와 서울특별시는 이러한 폐해로부터 소비자를 보호하기 위해 민원야기 업체 등을 중심으로 한 여행업체중 주요 아웃바운드 업체에 대한 지도 점검을 실시하여 급격히 증대되고 있는 과당 출혈 경쟁, 초저가상품 판매로 인한 쇼핑·옵션 강요, 여행일정 임의변경 등 여행업 시장 질서를 왜곡시키는 과대광고 관행과 그로 인한 쇼핑·옵션 강요, 바가지·부당요금 징수, 계약내용 임의변경, 기획여행상품 보증보험 미가입 등에 대한 점검에 나서기로 했다고 한다.

적발업체에 대해서는 관광진흥법 또는 공정거래법 등에 따라 여행업 등록취소·고발조치 등의 행정처분을 하고 필요시 국세청에 세무조사도 의뢰할 방침이며, 쇼핑·옵션강요 등 부정한 행위를 한 여행업 종사원에 대해서도 자격취소 등의 조치를 하는 한편 불법행위 자행업체에 대해서는 언론에 명단을 공개하여 소비자들의 피해를 적극적으로 예방해 나갈 계획이라고 한다. 그러나 이러한 단발성, 간헐적 지도 단속이 여행업계에 깊이 뿌리내린 악습들을 근본적으로 해결할 수는 없을 것이다.

한편 2002년 월드컵 개최를 앞두고 출범한 한국서비스인증원은 국내 서비스업 전반을 대상으로 서비스 품질인증제를 실시한다고 공표한 바 있다.

이 제도는 음식·숙박·대중교통·관광·여행업 등에 우선적으로 적용한 뒤 금융·통신·보험 등 서비스 전 분야로 영역을 확대할 계획인데 대학교수 등 각계의 민간인 전문가가 심사위원으로 참여하고 있어 국내 서비스산업의 경쟁력을 높이는 데 일정한 역할을 할 것으로 기대되고 있다.

한국서비스인증원은 서비스 업체의 고객 지향적인 경영철학·서비스시스템 구축 상황·종업원의 서비스 수준·청결도·대고객 친절도 등의 심사기준에 의거, 현장실사 등을 거쳐 소비자들에게 서비스 품질을 확인해 줄 계획이다.

한국서비스인증원은 음식점·숙박업소·관광·대중교통 등 서비스업 전반을 대상으로 서비스 품질 인증을 해 줄 계획이며, 인증을 획득한 업소의 서비스 면에서 문제가 발생하면 인증원에서 직접 배상까지 책임지는 서비스 리콜제를 시행하기로 하였다고 한다.

여행업계 역시 여행상품의 품질평가를 업계가 자율적으로 할 것이냐 아니면 정부에 타율적으로 맡길 것이냐를 스스로 결정해야 할 시점에 와 있다고 본다.

미국에서는 미국여행도매업협회(USTOA)라는 패키지업 압력단체를 만들어 여행도매업계의 이익 증진을 위해 업계가 공동으로 대처함은 물론 회원 가입자격을 엄격히 규제함으로써 사실상의 여행상품 평가기관으로서의 역할도 수행하고 있는 것은 좋은 사례가 될 수 있다고 본다.

관광호텔 등급 평가 역시 우리나라에서는 정부 주도의 평가에 의해 결정되지만 미국이나 유럽은 호텔의 시설이나 서비스 수준을 민간단체인 모빌가이드(Mobil Guide)나 미쉘린가이드(Michelin Guide)가 엄격한 기준에 의해 평가, 제시함으로써 소비자들의 전폭적인 신뢰를 얻고 있음을 타산지석으로 삼아야 할 것이다.

여행상품의 품질 인증이나 평가도 정부의 강제적 타율적인 평가보다는 소비자 단체의 평가, 소비자 단체 평가보다는 업계의 자율적 평가가 바람직하다. 특히 소비자와의 대면판매가 배제된 온라인 여행상품 전자상거래 성공의 전제조건은 온라인을 통해 판매되는 상품에 대한 신뢰도 제공 여부가 관건이 될 것인데, 패키지 전문업계가 고객을 보호할 수 있는 장치를 스스로 마련해 나가는 것만이 여행상품 전자상거래를 반석 위에 올려놓을 수 있는 지름길일 것이다. <2001. 9. 6>

디지털시대의 여행가이드북

방학을 맞아 많은 학생들이 견문을 넓히기 위해 배낭을 둘러메고 해외로 떠나고 있다. 아는 것만큼 본다고 하였는데 학생들이 방문하는 여행지에 대해서 얼마나 공부를 하고 떠나고 있는지 궁금하다. 배낭여행 학생들을 비롯하여 여행자들이 가장 선호하는 유럽의 경우, 유럽대륙 전체가 중세 이후의 성당·미술관·박물관·신전 그리고 조각품 등 다양한 매력들로 가득 차 있어 이들에 대한 사전지식 없이 여행을 떠난다면 장님이 코끼리 뒷다리만 만지는 것과 다름없을 것이다. 그런 이유에서 유럽에 관한 여행안내서는 국내외를 막론하고 서점의 여행안내 코너에서 가장 인기 있는 품목이 되고 있다. 한 달 정도의 유럽 여행을 위해서는 적어도 몇 권의 여행 안내서를 뒤져보고 가야만 현지의 분위기나마 겨우 파악하고 돌아올 수 있을 것이라는 게 필자의 경험이다. 단체 여행의 경우에는 그나마 현지에서 여행 가이드들의 도움을 받을 수 있으니 어느 정도 이런 문제들을 해결할 수 있겠지만, 배낭여행의 대종을 이루는 개별여행자(FIT)들은 현지에 관한 충분한 사전지식 없이 출발한다면 그야말로 주마간산식의 여행이 되기 십상인 것이다. 최근 해외여행 붐을 타고 서울의 유명 서점 여행안내 코너에는 유럽을 비롯해 해외 유명 여행지에 관한 안내서가 범람하고 있어 도대체 어떤 책을 골라야 할지 혼란스럽다. 유럽 여행지 중의 백미라고 할 수 있는 이탈리아 반도를 몇 해 동안 돌아볼 기회가 있었던 필자로서도 쓸 만한 관광안내서를 찾지 못해 이탈리아 매력의 묘미를 충분히 만끽할 수 없어 안타까웠던 시절이 있었다. 당시에도 물론 이탈리아에 관한 여행 가이드북이 많이 출간되어 있긴 했지만 대부분 이탈리아어로 되어 있어 이해가 어려웠다. 미쉘린(Michelin)·포더스(Fodder's)·플래닛(Planet) 등의 영어판 유명 가이드북과 이탈리아 최대의 여행클럽인 '투어링 클럽 이탈리아(TCI)'가 발간한 책들을 뒤져봐도 필자에게 만만한 가이드북은 없었다. 그 이유는 대부분의 여행 안내서들이 호화스러운 컬러사진과 함께 관광 매력들을 서술식으로 나열만 하고 있었기 때문이다. 이런 필자에게 하루는 이탈리아 밀라노에서 로마로 가는 기차여행 중에 마주앉은 한 여자 승객이 보고 있던 이탈리아 여행안내서가 유난히 매력적으로 다가왔다. 로마행 열차 안에서 영국 여자승객이 보고 있던 여행안내서가 필자의 눈길을 사로잡았던 이유는 그 책의 내용이 관광 매력들을 단순히 사진만을 게재하여 설명한 것이 아니라 모두 그림으로 분해, 시각적으로 편집하여 이해하기 쉽게 구성하였고 책의 체제와 제본 역시 간결하고 간편하여 휴대하기에도 편리하였기 때문이었다. 영국의 한 출판사가 막 출간한 그 책을 영국에 직접 연락하여 입수한 이후로는 그간의 이탈리아 관광지에서의 눈뜬봉사 신세에서 탈출, 마치 전담 관광 안내원을 대동하고 다니는 것과 같은 편리함을 갖게 되었다. 아니나 다를까 그전까지만 해도 로마·피렌체·베네치아 등의 유명 이탈리아 관광지의 외국 관광객들 손에 들려 있던 미쉘린·포더스 등의 영어 가이드북이 불과 몇 개월 사이에 자취를 감추고 예의 그 여행안내서가 휩쓸게 되었다. 이 여행안내서는 이탈리아어로 역간되어 이탈리아에서 발간된 여행안내서들을 능가한 것은 물론 세계적으로도 여행안내서 발간의 새로운 패턴을 주도하고 있으며 국내에도 번역·소개되어 있다. 디지털세대는 한두 주간의 여행을 위해서 여행안내서 몇 권을 읽을 수 있을 만큼 진득하거나 여유로운 세대가 아니다. 여행 가이드북도 이런 소비자의 취향에 맞아야만 잘 팔리고 또 경쟁에서 살아남을 수 있다. 역으로 우리나라 중앙 정부·지방자치단체 그리고 유명 관광지에서 발간하는 각종 관광 안내서들도 이러한 디지털세대의 새로운 취향에 맞추어 만들지 않는다면 영원히 소비자들의 외면을 받을 수밖에 없다는 것을 명심해야 할 것이다. <2001. 7. 5>

버려야 할 문화유산

우리나라의 석굴암·불국사, 종묘, 수원화성, 해인사 장경판전에 이어 경주 역사유적지구와 고창·화순·강화 고인돌 유적이 새로이 그 문화적 가치를 인정받아 유엔교육과학문화기구(UNESCO)로부터 세계문화유산으로 지정되어 630여 개의 다른 나라 문화유산과 함께 소중한 인류 유산으로 보존되고 있어 자랑거리가 되고 있다. 그러나 우리 문화 모두에 대해 지구촌 사람들이 칭송하고 부러워하는 것만은 아니다.

서울의 종각 지하철역에는 한동안 벽안의 한 미국 청년이 역 출입구에 쪼그리고 앉아 우리나라 문화에 대한 자신의 느낌을 책으로 펴내 판매한 일이 있었다. 스콧 버저슨(Scott Burgeson)이라는 이 젊은 사람은 우리나라와 일본에서 오래 거주하면서 글을 많이 써 기고한 경험이 있어서 동양 사정에 비교적 밝은 사람이다. 서울의 유수 일간지에 소개된 적도 있는 이 사람의 저서 맥시멈 코리아(Maximum Korea)에서 저자는 우리나라 사람들에 대하여 외국인 여행자들끼리 주고받는 얘기를 적나라하게 정리하였다.

서양과 한국의 문화 차이를 분명히 인식할 필요가 있다는 전제하에 차이주의라는 제목으로 소개된 내용은, 한국인들은 항상 데모만 하고 공공의 평화를 어지럽힌다, 한국인에겐 마늘 냄새가 난다, 한국인들은 너무 밀쳐댄다, 한국인들은 지나치게 감정적이다, 한국 여자들은 지나치게 화장을 한다, 한국은 세계 제1국가라 하지만 여러모로 여전히 제3세계 국가처럼 보인다, 한국 남자들은 공공장소에서 침과 가래를 마구 뱉어댄다, 한국인들은 모임과 약속에 언제나 늦는다, 한국인들 특히 한국 여자들이 말하는 소리는 찡얼거리는 것 같다와 한국인들은 언제나 성급히 어딘가를 간다 등이다.

물론 이 미국 청년의 주장이 모두 옳은 것은 아니다. 많은 경우 우리 문화에 대한 외국인들의 몰이해에 대해 설명을 하여 납득시켜야만 한다. 민주화나 경제 성장과정에서의 일부 사회의 혼란상이나 우리의 독특한 문화에서 유래하는 시간관념 등이 그것들이다. 하지만 이 중 상당수는 경청의 가치가 있고 또 시정되어야만 국제사회의 시민으로 공존해 나갈 수 있는 지적들이라고 본다. 특히 우리의 행동이나 관습이 외국인들에게 혐오감을 주는 경우가 그렇다. 세계 시민과의 공존을 위한 우리 문화의 딜레마는 보신탕 문화로 대변될 수 있을지도 모른다. 보신탕 문화를 부끄러워할 것인가 아니면 우리의 고유의 식문화로 적극적으로 방어하여야 할 것인가. 이러한 문화 차이에서 우리의 잣대가 될 수 있는 것은 사대주의나 배타주의가 아닌 우리의 행동과 문화가 상대방에게 호감을 주느냐 아니면 혐오감을 주느냐의 여부일 것이다. 한국에서 오랫동안 주재한 경험이 있는 또 다른 미국인 외교관은 서둘러 일등국가가 되려는 한국인의 모습 속에서 뭔지 모를 불안감을 느낀다고 토로한 적이 있다. 세계화를 향한 질주 속에서 혹시 우리가 우리의 소중한 무엇인가를 잃을까 염려하고 있는 것이다. 이러한 문화적 모순 속에서의 우리 과제는 우리에게 밀려오는 변화를 적극적으로 수용하면서도 우리의 독특한 유산을 보전해 나갈 수 있는 지혜를 갖는 것이다. 지구촌 사람들과 문화 차이를 최일선에서 전수하는 사람들은 바로 우리 해외여행자들과 우리나라를 방문하는 외래관광객들이다. 따라서 이들을 직접 핸들링하는 문화전달자로서의 여행업계 종사자들의 책무 또한 막중하다. 아무쪼록 새로운 문화를 수용하고 또 우리 문화를 올바르게 지구촌에 전달하는 데 있어 우리 여행업계의 선도적인 역할을 기대해 본다. <2001. 1. 4>

종사원 만족이 먼저다

서울 시내의 한 특급호텔을 방문했다가 그 호텔의 로비에서 호텔 소속 노조원들이 머리에 붉은 띠를 두르고 리더의 구호에 맞추어 시위를 하는 모습을 보고 관광산업에 몸담고 있는 입장에서 가슴이 철렁해온 적이 있었다. 시위를 하는 사람들은 나름대로 다 사정이 있겠지만 관광객들을 환대해야 할 장소에서 손님들에게 불안을 조성하는 것을 보고 걱정이 앞섰던 것은 비단 필자만의 생각은 아니었을 것이다.

188

관광산업은 여행자의 신변 안전에 가장 민감하고 또 취약한 산업이다. 지금도 마찬가지지만 1990년대 초의 걸프전과 파리 시내에서의 폭탄 테러 사건, 중국의 천안문 사태, 우리나라의 광주민주화 운동이나 대한항공 추락사건 시 예외 없이 관광자의 이동이 급격히 감소하였던 것이 그 예이다. 그래서였는지 필자의 해외 주재 근무나 해외여행 시 시위가 잦기로 유명한 프랑스나 이탈리아에서조차 접객업소에서의 시위는 그 사례를 본적이 없었다. 지난 6월부터 파업에 들어갔던 일부 서울 시내 특급 호텔 종업원들의 파업이 노사 간의 대화나 협상 또는 정부의 중재와 조정 노력에도 불구하고 파업 대상 호텔의 파국은 물론 한국 관광산업의 위기를 조성해 왔었다. 서울 시내 유수 호텔의 장기 파업으로 인해 객실 예약의 무더기 취소는 말할 것도 없었고 이들 호텔에서 개최키로 예정되어 있던 국제 행사가 취소되는 등 파업 대상 호텔의 신용은 물론 국가적인 신뢰마저 땅에 떨어지게 하였다.

파업호텔의 노조원들은 비정규 직원의 정규직원 전환, 정상적인 호텔운영을 위한 적정인력 확보, 봉사료 잉여금 쟁취 등의 이슈를 제기하였다. 노조원들의 주장대로라면 호텔 측이 충분한 인력을 확보하지 않아 근로 조건이 열악하고 노조원들의 몫인 봉사료조차 호텔 측에서 편법으로 전용하고 있다는 것이다. 이들은 또한 IMF 구제금융 기간 중에도 떨어진 원화 가치 등으로 인해 호텔만큼은 활황을 누렸음에도 불구하고 구조조정이라는 미명으로 호텔 종사원을 내보내고 그 빈자리를 비정규 직원으로 대치하였다는 것이다.

이번 호텔 파업을 계기로 호텔 경영진은 비정규 직원의 채용을 호텔 경영구조의 개선을 위한 방편으로 악용하여서는 안 될 것이며 오히려 호텔의 서비스와 경쟁력을 높이기 위해서는 종업원들의 복지와 사기를 중시하는 경영 전략을 펴나가야 할 것이다. 노조 역시 이념 지향적 노조 운동이나 감정에 치우친 협상, 그리고 노조의 세력 확산이나 경영권 참여를 목표로 하는 노조 활동은 지양해야 할 것이다.

호텔은 인적 서비스가 상품인 사업체이다. 호텔 서비스 수혜자의 만족은 호텔 경영진이나 경영전략보다는 호텔 종사원의 접객 태도에 의해 좌우될 수밖에 없다. 결국 호텔 투숙객이나 호텔 운영 요식업소 손님의 만족은 호텔 종사원의 서비스에 의해 결정될 수밖에 없는데, 호텔 종사원들이 자신들이 근무하는 호텔의 근로조건이나 근무 환경에 만족하지 못해 사기가 저하되어 있다면 이들에 의한 고객 만족은 결코 기대할 수 없는 것이다. 노사 간의 문제는 대부분의 경우 근로조건을 가지고 출발해서 노사 협상 도중 감정적인 문제로 비화되는 것을 많이 목격하게 된다. 이런 경우 본말이 전도된 이슈에 집착하여 협상은 물론 협상 타결 후의 노사관계를 악화시키는 경우가 많다. 호텔 노사 분규의 시발과 저간의 경위야 어찌되었던 간에 경영진은 복귀하는 종사원들을 진심으로 환영하고 노조원들 역시 분쟁과 협상 과정에서의 감정을 떨쳐내고 상경하애(上敬下愛)의 마음가짐으로 현업에 복귀하여 이번 파업이 진정한 고객 만족을 이끌어 낼 수 있는 전화위복의 전기가 될 수 있길 기대한다. <2000. 8. 31>

여행업계 여성 CEO에 거는 기대

우리나라 관광시장은 오랫동안 일본시장에 의존해 왔다. 그것도 그냥 의존해온 게 아니라 일본 남성을 대상으로 한 섹스관광이었다. 이런 트렌드는 일본 여성들이 일본 송출시장을 장악하기 시작하면서 우리 관광시장의 흐름도 바꾸어 놓았다. 유럽의 유명 관광지를 누비던 일본 젊은 여성 커플들을 서울 거리와 지하철에서 목격하는 일이 더 이상 낯선 풍경이 아니다.

최근 보도에 의하면 이런 트렌드는 일본 여성에 국한된 것이 아니고 아시아 관광시장 전체로 번져나가고 있는 양상이다. 마스터카드 조사결과에 의하면 1970년대 중반까지 10%에 불과하던 아시아 지역의 여성 관광자의 비율이 현재 40%까지 급상승했다고 한다. 더욱 놀라운 것은 중국 송출시장인데 지난 한 해 동안 47%의 남성만이 해외여행을 한 데 반해 중국 여성 관광자는 54%나 돼 오히려 여성들이 해외여행을 더 많이 했다는 것이다. 미국이나 유럽의 사례라면 모를까 보수적인 아시아 시장에서는 파격적인 변화가 아닐 수 없다. 아시아 여성 관광자들은 서울·도쿄·싱가포르·홍콩·상하이 등 도시를 선호하고, 높은 교육 수준과 소비 지출 그리고 도전적인 성격을 공유하는 특징을 보이고 있다고 한다.

우리나라의 경우도 최고의 명성을 떨치고 있는 여행가는 남자가 아닌 바람의 딸 한비야다. 한비야는 배낭여행과 여행 작가로 이름을 날리고 있고 이런 연유 때문인지 방학만 되면 무거운 배낭을 걸머진 채 홀로 해외여행을 떠나는 여학생들의 모습이 낯설지 않다.

여성들은 이미 오래전부터 관광업에서 능력을 발휘하고 있고 또 인정받고 있다. 미국의 경우 전체 관광업 종사자 중 70% 이상이 여성이다. 우리나라 대부분의 대학에 설치·운영되고 있는 관광 관련 학과 학생들의 등록 비율도 미국의 예와 비슷한 분포를 보이고 있다. 관광이나 서비스업이 갖는 특성상 여성들의 섬세함과 자상함이 요구되고 있어 이런 현상들은 당연한 일일지도 모르겠다. 그러나 최근의 두드러진 현상은 관광업계에도 최고 의사결정권자인 CEO 여성의 진출이 크게 증가하고 있다는 점이다. 여성들의 활약은 전 세계적으로 모든 분야에서 눈에 띄고 있다. 보수적인 영국, 독일이 이미 여성 수상을 배출했고 미국, 아르헨티나 그리고 우리나라에서도 머지않아 여성 대통령의 출현을 예고하고 있다. 여성들의 정계 진출은 많은 경우 남자들의 후광으로 비쳐지기도 하지만 영국의 대처 수상이나 미국의 힐러리 상원의원의 예와 같이 이제 여성들도 능력만으로 평가되고 있다.

우리 관광업계에도 훌륭한 여성 CEO들이 눈부시게 활동하고 있어 좋아 보인다. 필자는 우리 관광업계 여성 CEO들의 맹활약을 반기면서도 여성 CEO와의 씁쓸한 에피소드를 지우지 못하고 있다. 한 유명 리조트 클럽의 여성 CEO는 제자들의 실습과 취업을 상담하기 위해 사무실을 방문한 필자를 선약을 이유로 매몰차게 문전박대했었다. 사전에 전화로 방문을 약속받긴 했지만 바쁜 상대의 입장을 감안해 시간을 잡지 않고 방문한 것이 화근이었다. 지방의 고등학교 정문에 '잡상인과 교수 출입금지'라는 팻말이 붙어 있다고 해서 교수들 술자리의 자조 섞인 술안주였는데 현장에서 이런 일을 직접 체험하게 돼 참담한 마음이었다. 최근, 한 미국 지역의 마케팅을 대행하는 관광청의 여성 대표는 해당 관광청이 관련된 여행 수배 문제로 전화를 여러 번 했는데도 리턴 콜을 주지 않아 자존심을 크게 상한 일이 있다.

이런 일이 비단 여성 CEO한테만 발생하는 일은 아닐 터이다. 그러나 관광업의 특성과 여성의 장점이 잘 맞아떨어질 때 여성CEO의 역할이 더 돋보이지 않을까?<2007. 8. 20>

산학협력의 지름길

대학 강단으로 직장을 옮긴 필자는 여름방학을 이용하여 학생들의 실습 현장을 돌아볼 기회가 있었다. 방문 업계의 간부들과 대화 중에, 많은 분들의 의견이 업계의 일손은 딸리는데 쓸 만한 인재가 많지 않다는 것과 관광 관련학과 졸업생들도 일단 취업이 된 후 실무에 투입되기 위해서는 새로이 훈련을 시켜야 한다는 것이었다. 대학에서 직업 교육을 담당하고 있는 입장으로서 듣기 민망한 얘기가 아닐 수 없었지만 학교에 몸담고 보니 학교의 입장은 업계의 생각과는 상반된 것이었다. 학교 졸업생 입장에서 보면 취업기회도 많지 않거니와 있다고 하더라도 학생들의 입맛에 맞지 않는 조건들이라고 생각하고 있는 게 현실이다. 사정이 이렇다면 학교 교육과 현업 사이에 상당한 괴리가 있다는 얘기가 된다. 우리나라에서 관광 관련 교육과정을 개설하고 있는 대학은 현재 40개 4년제 대학과 150여 개

전문대학이 있고 그 졸업생만 해도 한 해에 10,000명에 달하고 있다. 그럼에도 불구하고 업계에서는 전문인력이 부족하여 작년까지만 해도 정부기관인 한국관광공사에서 조리와 통역안내원 양성 과정을 운영한 바 있고 호텔, 항공사, 통역학원 등에서도 별도의 강좌를 개설하여 관광 요원을 양성하고 있다. 이것도 부족해서 일부 여행사에서는 부설 학원의 설립을 통해 자체적으로 관광 요원의 양성을 검토하고 있다는 보도다. 관광 관련 학과가 우리나라처럼 많이 개설된 경우는 세계적으로 그 유례가 없음에도 불구하고 관광산업 현장에서는 쓸 만한 인재가 없다고 주장하니 심각한 문제가 아닐 수 없다. 이러한 문제를 해결하기 위한 노력의 일환으로 대학에서는 산업체 위탁 교육, 산학협력계약, 창업보육센터 운영, 주문식 교육 등을 통해 업계에서 필요한 인재를 양성하기 위해 나름대로 많은 노력을 기울이고 있지만 대부분의 프로그램이 비관광 분야 위주로 운영되고 있어 관광업계의 기대에 부응하기에는 요원한 것으로 보인다. 산학 간 이러한 괴리의 주요 이유는 관광관련 학과의 경우도 공업계 등 다른 분야와 마찬가지로 업계와 산학협력 계약을 맺는 등 협조체제를 구축하고는 있으나 그 운영이 형식적이어 산학 모두에게 실질적인 도움을 주지 못하고 있기 때문이다. 부실하게 시행되고 있는 산학협력제도가 명실상부한 열매를 맺기 위해서는 업계에서 컴퓨터 프로그램, 강사 등을 학계에 지원하고 우수 학생들에게는 장학금도 지급하여 인재를 적극적으로 양성한 후 졸업 학생들의 취업까지도 보장할 수 있는 실질적이고 구체적인 시스템이 구축되어야 한다고 본다. 관광 교육의 내용에 있어서도 관광대국 이탈리아 등 관광 선진국의 경우 대부분의 관광종사원은 실업계 고등학교 과정에서 실습 위주로 양성되고 있는 반면 우리나라에서는 4년제 대학에 개설된 관광 관련학과 대부분이 이론 중심의 강의를 하고 있고, 직업 교육을 표방하는 전문대학의 교과 과정마저도 이론 위주로 편성된 경우가 많아 업계의 실질적인 수요를 충족시키지 못하고 있는 주요 원인이 되고 있다고 본다.

몇 년 전에 태국의 조그만 휴양도시 후아힌에서 유엔교육과학문화기구(UNESCO)가 주최한 관광관련 실무 교육프로그램에 참여할 기회가 있었다. 호주 정부가 UN의 용역을 받아 동남아 국가들의 관광인력 양성을 지원하기 위해 개설했던 이 교육 프로그램이 철저히 실무와 실습 위주로 편성되어 있는 것을 보고 크게 감명받은 기억이 있다. 우리나라의 관광교육도 관광 선진국의 사례와 같이 실습과 실무 위주의 직업교육 중심으로 편성되어 졸업과 동시에 현업에 투입될 수 있어야 할 것이며, 이를 위해 업계도 업계의 인적·물적 자원을 학교 교육에 투입하여 산학 간 실질적 협력체제 구축을 적극적으로 지원하는 것이 궁극적으로 업계를 위해서도 유익할 것이다. <2000. 10. 5>

패키지 브랜드 파워

한 빌딩에서 영업을 하고 있는 각기 다른 두 여행사가 최근 같은 브랜드명으로 광고전을 벌여 소비자를 혼란스럽게 하고 또 여행업계의 상거래 질서를 문란케 했다 해서 여행업계의 뜨거운 화두가 된 바 있다. 이 브랜드 쟁탈전은 결국 관련 두 여행사 간의 법률적 공방으로까지 비화되어 그 귀추가 주목되고 있다. 그러나 이 사건을 단편적, 근시적으로만 보면 소비자들을 혼란스럽게 했고 또 우리 여행업계에 깊게 뿌리내린 이전투구식 상거래 악습과 상도덕에 관한 문제를 제기한 것으로 볼 수 있지만, 덤핑, 저가 경쟁, 그리고 상품의 불법 복제 판매가 판치고 있어 혼탁해질 대로 혼탁해진 우리나라 여행 시장의 현실에서, 좋은 여행 상품을 분별할 수 있는 정확한 정보를 갖기 어려운 소비자의 입장에서 보면 전혀 다른 시각으로 이 사건을 조명해 볼 수 있을 것이다. 소비자 입장에서는 현재 판매되고 있는 패키지여행 상품들의 차별화가 분명하지 않아 품질 식별이 어려운 상황에서, 저질 여행 상품과 저질 서비스에 대한 온갖 악성 정보가 언론, 사이버 공간, 그리고 여행 체험자들의 구전을 통해서 난무하고 있기 때문이다. 여행업계 내부에서 보면 이번 사건이 단순히 관련 업체들 간의 파렴치한 브랜드 쟁탈전으로 보일지 모르겠지만, 어떤 상품을 선택해야 좋을지 몰라 망설이는 소비자 입장에서는 여행 상품 선택에 대한 확실한 차별성을 높여주고 있는 획기적인 사건이라고 볼 수 있다.

이런 의미에서 무형의 자산인 브랜드의 가치는 엄청나게 증대되고 있는 추세이다. 2007년에 미국의 인터브랜드라는 회사가 전 세계 2천여 개 유수 기업을 대상으로 시행한 브랜드 자산(brand equity)가치 조사 결과에 따르면 코카콜라의 브랜드 자산 가치는 미화 653억 달러로 평가되었고, 마이크로소프트 587억 달러, IBM 570억 달러, GE 515억 달러 등으로 발표되었다. 코카콜라의 경우 브랜드 자산 가치만으로도 우리나라 현대 그룹 모든 계열사의 부채를 포함한 총 자산 가치와 맞먹는 엄청난 규모인 것이다.

1990년대 초 미국에서 처음으로 브랜드 자산이라는 개념이 태동할 당시 광고 전문가 래리 라이트(Larry Light)는 향후 30년간 전 세계가 브랜드들의 전쟁에 휩싸일 것이라고 오늘의 상황을 예고한 바 있다. 그의 예견대로 이번의 여행업계 브랜드 싸움은 우리 여행업계에도 브랜드 파워가 그 위력을 발휘하기 시작했음을 알려주는 신호탄이라고 볼 수 있다.

지금 와서 돌이켜보면 어처구니없는 생각이지만 필자는 어렸을 적에 왜 제조업자들이 상품에 상표를 부착해 판매하는 지에 대해 의아해한 적이 있었다. 40여 년 전인 그 시절만 해도 모든 상품들이 조잡하게 제조되어 온통 하자투성이었고 상품의 공급이 수요에 미치지 못하던 시절이었기 때문에 그 시절 기준으로 보면 필자의 판단은 너무나 당연한 것이었는지도 모르겠다. 그러나 셀 수 없이 많은 제조업체와 서비스 상품의 브랜드가 범람하고 있는 작금의 상황에서 소비자들의 눈길을 끄는 몇 종류의 상품만이 살아남을 수 있는 냉엄한 시장 구조를 이해한다면 브랜드의 중요성은 아무리 강조해도 지나침이 없을 것이다. 그

■ 2007년 세계 주요 브랜드 순위

(단위 : 억달러)

순위	이름	국적	브랜드가치
1 (1)	코카콜라 *Coca-Cola*	미국	653
2 (2)	마이크로소프트	미국	587
3 (3)	IBM	미국	570
4 (4)	GE	미국	515
5 (6)	노키아	핀란드	336
6 (7)	도요타	일본	320
7 (5)	인텔	미국	309
8 (9)	맥도널드	미국	293
9 (8)	디즈니	미국	292
10 (10)	메르세데스	독일	235
21 (20)	삼성전자	한국	168
72 (75)	현대자동차	한국	44
97 (94)	LG전자	한국	31

※ ( )은 2006년 순위

자료 : 인터브랜드

러니 수천 개의 여행사와 수백 개의 여행 상품이 난무하는 이 시점에서 잘 나가는 브랜드를 차지하겠다고 여행사 간에 투쟁을 벌이는 일은 지극히 당연한 일이자 바람직한 추세인 것이다. 우리 여행업계에도 좋은 품질의 브랜드가 더 많이 등장하여 소비자 선택의 폭을 그만큼 넓혀주고 또 강력한 여행 브랜드만이 시장에서 살아남는 풍토가 조성되어 소비자들에게 브랜드에 걸맞은 차별화된 서비스를 제공할 수 있어야 할 것이며, 소비자와 업계 모두에게 도움이 되는 브랜드 여행 문화가 하루 속히 우리 여행 시장에도 정착되어야 할 것이다. <2001. 6. 7>

성큼 다가온 우주여행

우여곡절 끝에 한국 최초의 우주인 이소연이 우주여행을 성공적으로 마치고 귀환했다. 이소연의 우주여행을 놓고 국내외에서 우주인이냐, 아니면 단순한 우주여행자에 불과하냐에 관해 여론이 분분하였고 귀환과정의 위험천만한 관리와 러시아에 우리가 지불한 우주여행 대가에 관해서도 논란이 끊이지 않고 있는 상황이다. 그러나 우주인 이소연에 관한 이러한 다양한 평가는 여행업계 입장에서 그다지 중요한 일이 아니다. 우리에게 중요한 것은 이소연의 에피소드를 계기로 우주여행의 상용화가 성큼 다가왔다는 것이다.

실제로 국내의 한 여행사는 이소연을 태운 소유즈 우주선이 성공적으로 발사되면서 우주여행에 관한 관심이 증폭되자 러시아의 우주

세계 최초 여성 우주여행자 안사리

관련시설을 참관하고 체험하는 우주관련 상품을 재빠르게 선보이기도 했다. 이 상품의 기획 동기는 우주는 어린이들에게 꿈과 희망을 주는 대상이기 때문에 아이들이 직접 현장을 보고 느끼며 우주에 대한 꿈을 키워나갈 수 있도록 하기 위한 것이라고 했다.

세계 최초의 우주 관광객은 2001년에 6일 동안 우주에서 250억 원을 쓰고 지구로 귀환한 미국의 억만장자 티토다. 티토는 막대한 우주여행 비용을 쓰고도 우주여행은 천국을 여행한 기분이었다며 우주여행이 자기 인생의 최고 순간이었다고 소회를 밝혔었다. 한편 이란 태생의 미국 여성기업인 안사리는 세계 최초로 우주관광을 한 여성 우주관광객이자 이란계 최초의 우주 관광객라는 기록 때문에 모국 이란에서 영웅 대접을 받을 수 있었다.

미국에서는 민간인 우주여행 계획이 차근차근 추진되어 2004년에 이미 조종사와 민간인 승객 두 명을 태운 민간 유인 우주선 스페이스십원(SpaceShipOne)의 우주 시험 비행에 성공한 바 있으며 향후 5년간 1인당 2억 원 정도의 가격으로 3천여 명의 우주여행 송객을 계획하고 있다.

유럽의 합작 로켓 제조사인 아스트리움도 2012년까지 우주 관광선을 운영하겠다는 계획을 발표한 바 있다. 승객 4명을 태울 수 있는 하이브리드 우주관광선이 지상 100㎞ 상공까지 올라가 관광객에게 3분간의 무중력 체험과 지구 구경을 하게 해 주는 프로그램으로 1시간 반이 소요되며 요금은 20만 유로로 우리 돈 2억 5천만 원 정도가 소요될 것으로 추정하고 있다.

최초의 우주호텔 역시 2012년에 문을 열 예정이다. 스페인 바르셀로나에 본사를 둔 민간 우주관광회사인 갤럭시스위트는 지구궤도 위에 3개의 유선형 객실을 결합한 우주호텔 건설을 추진하고 있다. 이 우주 스위트호텔의 투숙자들은 80분 동안 지구를 한 바퀴 돌면서 하루에 18차례의 일출을 감상할 수 있다고 한다. 갤럭시호텔의 3일간 숙박비용은 약 38억 원 정도로 현재로서는 다소 비현실적인 가격이다.

다음 글은 우주여행에 관한 사이버 스토리의 한 토막이다.

21세기 중반, 과학자들의 노력과는 무관한 뜻밖의 결과로 4차원 이동을 가능하게 하는 우주여행 방법이 개발된다. 우주 공간에 블랙홀과 화이트홀이 연결되어 이 구멍을 통과하면 초광속비행이 가능해지는데 이것을 웜홀이라 한다. 4차원 우주여행 방법이란 과학자들이 인공적으로 만든 웜홀을 통해 4차원 공간으로 우주선이 들어가면 시간이 정지된 상태에서 여행 목적지의 웜홀까지 이동할 수 있게 하는 방법을 말한다. 이 웜홀만 설치되면 아무리 먼 거리라도 시간의 흐름 없이 여행하는 것이 가능한 초현실적인 교통수단을 갖게 됨을 의미한다. 22세기 초반까지는 우리 은하계의 끝부분까지 웜홀이 설치되고 22세기 말에는 안드로메다은하까지 웜홀을 설치할 계획이다.

우주여행이 현실적으로 구체화되어 가고 있건, 아니면 작가들의 머리에서 다소 허황된 상상의 나래로 날아가고 있건 우주여행시대는 우리의 코앞에서 다가와 있다. 여행업계 미래의 활로가 엉뚱한 데서 열릴 것으로 기대한다면 너무 일찍 김칫국부터 마시는 순진무구한 생각일까?

여행 문화의 새로운 지향

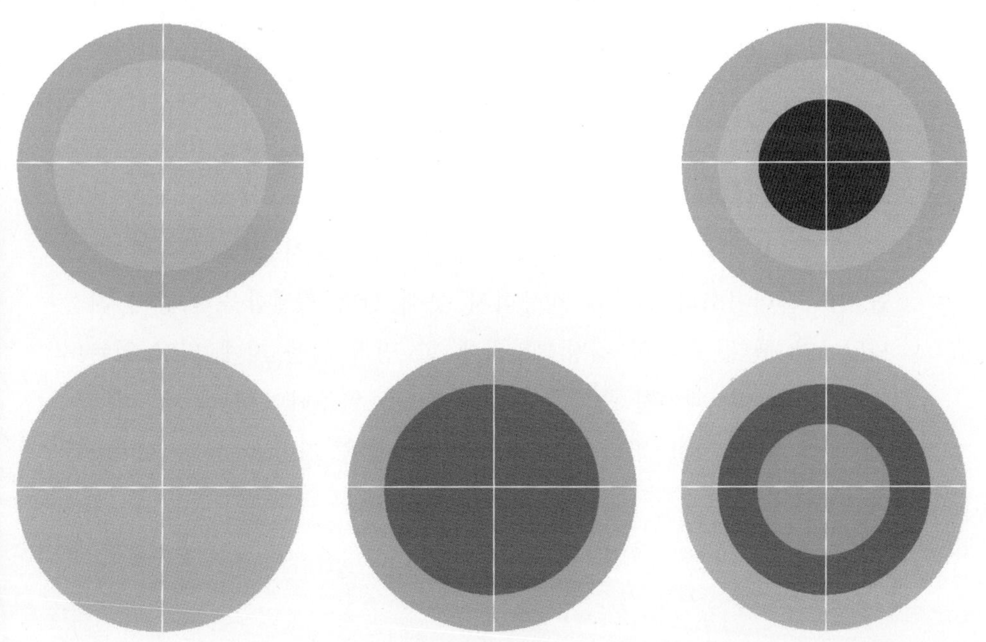

제 5 장

지리산과 알프스

　오랫동안 벼르던 지리산 종주를 다녀왔다. 2박3일이 소요되는 지리산 종주를 위해서는 연휴를 이용해야 했는데 마침 현충일이 금요일이었기 때문에 산행을 결행하게 된 것이다. 그러나 한 달 전 초하루 영시부터 인터넷을 통해서만 예약이 가능한 지리산 산장은 예약이 폭주해 접속이 되질 않았다. 결국 종주 일정에 적합하고 시설이 좋은 산장은 예약을 하지 못하고 종주 일정상 무리가 따르고 시설이 노후한 산장에 겨우 예약이 되어 다녀오게 되었다. 생전 처음 경험한 지리산 산장은 기대와는 달리 산장이라기보다는 대피소였다. 열두 명이 같이 움직인 우리 일행은 대부분 50대로서 첫날 묵어야 했던 뱀사골대피소의 환경에 적응하지 못해 산행 첫날밤을 하얗게 지새워야만 했다. 군대식 침상 한 칸에 한 명씩 잠을 자게 되어 있는 대피소 시설은 때마침 연휴를 맞아 수요가 폭주하여 침상 두 칸에 세 명씩 잠을 자야 하니 지그재그로 새우잠을 자야만 했고 그나마

한 공간에서 많은 사람들이 같이 자다 보니 코고는 소리와 땀 냄새 때문에 잠을 이룰 수가 없었던 것이다. 그러나 무엇보다 견디기 힘들었던 것은 화장실이었다. 시설 자체가 턱없이 부족한 간이식 화장실은 오물처리시설이 되어 있지 않아 악취가 화장실은 물론 취사장으로 사용되고 있는 인근 공간에까지 진동을 하고 있었다. 여기저기 눈에 띄는 외국인 등반객들의 코 막는 모습을 굳이 언급하지 않더라도 두 번 다시 경험하고 싶지 않은 부끄러운 풍경이었다.

이튿날 종주 길은 열한 시간의 긴 장정이었는데 50여 킬로그램의 배낭 무게와 전날 밤 불면의 피로가 겹친 상황에서 크고 작은 봉우리를 계속해서 넘어야 하는 강행군이었다. 그런데 이런 강행군에 따른 피로보다 우리를 더욱 힘들게 하였던 것은 이 긴 여정에 대피소 이외의 화장실 시설이 전혀 없는 탓으로 종주 길 여기저기에 등반객들의 대변이 널려 있어 똥파리 떼들이 들끓고 있는 환경이었다.

지리산은 우리나라가 최초로 지정한 국립공원이다. 종주 중간 지리산 능선에서 바라본 지리산 전경은 그 웅장한 자태가 다른 산들과는 비교할 수 없는 것이었다. 첩첩이 쌓여 있는 지리산의 위용은 전라남북도와 경상남도에 걸쳐 있는 장대한 규모로서 알프스의 위용과 견줄 만한 것으로서 그 분위기는 알프스의 그것과는 사뭇 다른 모습으로 압도해오는 것이었다.

알프스는 이탈리아, 프랑

지리산의 위용

스, 스위스, 오스트리아 그리고 슬로베니아까지를 연결하는 유럽 최대의 산맥으로서 그 아름다움이 세계적으로 알려져 있는 곳이다. 특히 11월 초부터 시작되어 이듬해 부활절 연휴까지 즐길 수 있는 알프스 스키는 경험으로만 설명할 수 있는 장관이다. 스키어들은 이런 알프스의 스키를 즐기기 위해 일 년 전부터 숙소를 예약해야 한다. 코르티나를 비롯한 알프스 전역의 산장들은 스키시즌에 방을 구하기가 쉽지 않기 때문이다. 그러나 수십만 명이 몰려오는 그 많은 알프스 산장에서 새우잠을 잔다는 얘기는 들어본 적이 없고 냄새 때문에 화장실에서 불쾌감을 느껴본 적도 없다.

휴가와 휴양지는 쾌적해야 한다. 사람들은 쌓여온 심신의 피로를 풀기 위해서 산과 바다를 찾는 것이다. 지리산을 비롯한 우리나라의 국립공원들도 세계적인 아름다움을 자랑하고 있다. 그래서 정부는 이들을 국립공원으로 지정하여 관리하고 있는 것이다.

인터넷을 이용해 예약해야만 숙박이 가능한 시설에 입장료까지 받고 있는 국립공원 산장의 화장실이 불결함과 냄새 때문에 사용하기 역겹다는 것은 상상을 초월하는 시대착오적인 현상이다. 지리산 산장의 화장실, 상하수도 그리고 쓰레기 처리 시설 등을 하루빨리 개선하여 국내외 관광객들에게 지리산의 명성에 걸맞은 쾌적한 휴식을 제공할 수 있어야 할 것이다.

이제는 매년 여름이면 지리산 종주를 한다. 지리산 종주의 매력을 전해 듣기만 하고 나 홀로 종주의 엄두를 낼 수 없어 지리산 종주 동호인 사이트에 동반 종주를 희망하는 글을 올려놓고 아무런 반응이 없어 실망했던 기억이 아직도 새롭다. 그렇지만 이제는 동반자가 없어도 형편에 맞는 코스를 선택하여 고즈넉이 종주를 즐길 수 있게 되었다.

노고단의 운해와 반야봉 낙조, 연하천을 지나면서 펼쳐지는 지리산의 연봉들, 제석봉의 고사목지대, 통천문, 천왕봉 일출 등 지리산 종주 길에 펼쳐지는 파노라마는 지리산 종주를 멈출 수 없게 하는 마력이다. 그러나 지리산 종주의 진짜 매력은 산행 중 지친 동료의 짐을 대신 들어주고 일면식도 없는 사람들과 따뜻한 인사를 나누며 부족한 물과 음식이지만 서로 나눌 수 있는 너그러움이다. 지리산 종주의 진정한 가르침은 완주와 정상 정복만이 최종 목표가 아니며 어려울 때는 우회하거나 중도에 포기하고 하산할 줄도 아는 것이다. 지리산은 최소한의 무장으로 자신을 비울 때 종주를 허락한다. <2003. 7. 4>

평양 3박4일, 150만 원의 가치

3박4일 일정으로 평양을 다녀왔다. 인천공항을 이륙한 대한항공기가 541킬로미터의 항로를 따라 불과 55분 만에 닿은 평양 땅을 전 세계 대륙을 다 돌아본 후 55년 만에 겨우 밟은 것이다.

한국관광공사가 남북관광협력사업의 일환으로 주관한 평양 방문길에는 정부와 공사의 관계자는 물론 관광업계, 관광학계, 언론계, 법조계 그리고 이번 사업을 후원한 금융계 등 사회 각계각층 인사 130여 명이 동참하여 매우 귀한 경험을 공유하고 돌아왔다.

참가자들은 방북 기간 중이나 방문 후에 나름대로의 평양 방문에 관한 정치적, 문화적 소회들을 밝히고 있지만 필자는 순수하게 관광

상품 측면에서만 평양 3박4일을 평가해 보고 싶다.

이번 평양 방문 일정에는 우리가 익히 잘 알고 있는 보통문, 을밀대, 부벽루 등의 역사·문화 유적 탐방이 제외된 대신 김일성의 만경

양각도호텔에서 조망한 평양 시내

대고향집, 인민대학습당, 만경대학생소년궁전, 주체사상탑, 개선문, 조선중앙역사박물관, 동명왕릉 등 북측의 체제 선전이 주목적인 시설들이 대거 포함되었다.

그리고 묘향산 깊숙한 곳에 자리 잡아 값진 소장품 관리에 최적지로 보이는 국제친선전람관에도 안내되었는데 유럽풍의 초호화판 대리석으로 지어진 이 건물 안에는 김일성과 김정일이 평양 방문 국빈들로부터 평생 동안 받아 모은 진귀한 선물들이 전시되어 있었다.

이 밖에 평양이 자랑하는 세계적 수준의 평양교예단과 학생소년궁전의 특별 공연이 정식 일정에 포함되었고 옵션으로는 논란이 많았던 아리랑공연을 관람할 수 있었다.

숙소와 식사는 특급 수준인 평양의 양각도호텔과 묘향산의 향산호텔에서 제공되었고 평양의 단고기집과 윤이상기념관 지하의 민족식당 불고기 등이 추가되었다.

야간 여흥으로는 평양의 양각도호텔과 묘향산의 향산호텔 호텔 꼭대기 층에 각각 바가 운영되어 약간의 주흥을 즐길 수가 있었으며 특히 향산호텔에서는 북한판 노래방인 화면반주음악실에서 호텔 소속 의례원(儀禮員)들의 도움을 받으면서 노래도 즐길 수가 있었다. 여기서 의례원은 식당 식음료 봉사 이외에 손님들의 말동무도 해 주고 술도 한 잔쯤은 같이 마셔주는 역할을 하고 있어 우리로 치면 웨이트리스와 호스티스의 중간쯤으로 이해하면 좋을 것이다.

북한의 봉사원, 수위원 등 관광종사원들은 매우 친절하고 단정하였으며 묘향산 보현사, 박물관, 인민학습당의 가이드도 전문적인 지식을 갖춘 우수 인력들이었다.

이 외에 인상적이었던 것은 우리 일행을 위해 경찰의 캄보이서비스가 벤츠승용차로 일정 내내 제공된 것이었다.

많은 참가자들은 이번 일정에서 평양의 모란봉, 을밀대, 보통문, 부벽루에 안내되지 않은 것에 불만을 토로하였으나 필자는 전혀 다른 생각을 가지고 있다. 을밀대 등은 앞으로 훨씬 더 싼값으로 평양을 방문하게 될 때 언제든지 다시 볼 수 있을 것이지만 북측이 우리에게 선전용으로 보여주는 것들은 지금이 아니면 경험할 수 없는 진귀한 체험들이기 때문이다. 이런 의미에서 이번 평양 방문은 이미 남북관광 교류의 물꼬가 터진 것을 확인하는 계기이기도 하였다.

뷔페 또는 정식으로 제공된 북한 식사는 중국식이나 양식처럼 코스로 제공되고 있었는데 담백하고 정갈하여 요즘 한창 뜨고 있는 웰빙 음식이 따로 필요 없을 만큼 훌륭한 것이었다. 다섯 코스로 제공된 평양의 단고기는 옵션으로 먹는다면 최소한 50불의 가치가 넘을 것이며, 150불의 입장료를 내고 관람한 아리랑축전 공연 역시 비슷한 수준의 입장료를 부담해야 하는 파리의 리도쇼나 크레이지호스와는 공연 내용이나 규모에 있어서 비교의 대상이 아니다.

이번 여행의 참가비가 150만 원이나 되어 적어도 비용 면에서는 불만의 대상이었던 평양 3박4일을 결산해 본다면, 결코 본전 생각이 들지 않는 귀한 경험이었다. 평양관광의 가격과 교류조건이 하루빨리 현실화되어 한 번 트인 남북교류의 물꼬가 큰 물줄기로 넘쳐나길 간절히 염원한다. <2005. 11. 21>

나한산의 적멸보궁

우리나라의 불교사찰을 순례하다 보면 한결같이 명당에 위치하고 있어 탄성을 자아내게 하고 있다. 사찰의 진입로와 인접환경 역시 적송들이 군락을 이루고 있어 그 아름다움을 더해 주고 있다.

전국의 유명 불교 사찰이 모두 명당에 자리하고 있지만 그중에서도 명당 중의 명당은 적멸보궁(寂滅寶宮)으로 특히 오대산 월정사의 적멸보궁은 좌청룡 우백호의 중대(中臺)봉우리 끝에 위치하고 있어 우리나라 최고의 명당으로 꼽히고 있다.

적멸보궁은 석가모니의 진실사리를 모신 전각을 말하는데 우리나라에는 신라의 승려 자장(慈藏)이 당나라에서 돌아올 때 가져온 부처의 사리와 정골(頂骨)을 나누어 봉안한 5대 적멸보궁이 있다. 양산의 통도사(通度寺), 강원도 오대산 중대(中臺)의 월정사(月精寺),

설악산 봉정암
(鳳頂庵), 태백
산 정암사(淨巖
寺), 사자산 법
흥사(法興寺)의
적멸보궁이 그
것들이다. 그런
데 제주도 한라
산 중턱의 영실
(靈室)에는 현재

한라산 영실의 나한상

존자암(尊者庵)이라는 작은 암자가 복원되고 있는데 이 한라산 영실
의 존자암이 우리나라 최초의 적멸보궁이라는 사실은 그동안 많은
사람들에게 알려지지 않고 있었다.

1937년 조선일보사의 전국산악순례사업의 일환으로 한라산을 등
반한 시인 이은상은 그의 저서 '탐라기행 한라산'에서 영실은 한라
산의 만물상으로 그 구도와 모양이 금강산의 만물상과 다름이 없어
오백장군이라는 별호로 불리고 있는 한편 석가모니의 여섯째 제자인
발타라존자의 상주처(常住處)라 하여 석라한(石羅漢)이라는 명칭으
로도 불리고 있다고 기술하고 있다. 이 영실의 기암, 동부(洞府)는
수행동(修行洞)이라는 이름으로도 불려오고 있고 존자암 뒤편의 봉
우리는 불래(佛來)오름이라는 지명을 가지고 있어 이 지역이 불교와
밀접하게 관련되어 있음을 말해 주고 있다.

법주기에 의하면 석가모니의 제자들인 16존자들은 석가모니 사후 불교의 전교를 위해 아시아 전역으로 흩어지게 되는데 그중 여섯 번째 제자인 발타라존자는 오백 나한을 이끌고 탐몰라 주에 상주한다는 기록이 있다. 법주기에 기록된 탐몰라 주는 제주의 다른 이름인 탐라(耽羅)와 합치되고 있어 영실 동부(洞府)의 기암들이 석라한이라고 불리고 있는 것을 뒷받침하고 있다. 이런 점들로 미루어 한라산은 한국 불교의 대륙 전래 이전에 남방 해양을 통한 전래와 깊은 인연이 있는 것으로 짐작된다.

한라산에서 발타라존자가 생존한 연대는 석가세존이 열반한 연대가 기원전 486년이고 석가모니제자들은 석가모니 사후에 흩어졌을 것이므로 적어도 2470여 년 전의 일일 것이다. 그런데 우리나라에 불교가 전해진 기록은 고구려 소수림왕 2년(기원 372년)에 전진(前秦)에서 들어온 것으로 되어 있고 백제에는 침류왕 1년(384년)에 진(晉)에서 들어왔다는 기록이 있으므로 탐라국은 고구려나 백제의 경우보다 850여 년 전에 이미 불교국이었다는 말이 된다.

한라산 역시 나한들이 살았던 산이라 하여 나한산(羅漢山)으로 불려오다가 조선시대의 억불숭유정책으로 한라산으로 바뀌게 되었다는 존자암 주지스님의 주장이 설득력 있게 들린다. 다만 존자암 주지스님은 한라산(漢羅山)이 왜 한라산(漢拏山)으로 바뀌게 되었는지는 설명하지 못하고 있는데 중요한 것은 불교 전래에 관한 야사일지라도 이러한 사실(史實)들을 발굴하여 관광상품으로 연출·개발하고자 하는 관광당국의 꾸준한 노력인 것이다. <2003. 9. 5>

폄관문화(貶官文化)

　귀거래사(歸去來辭)는 중국 동진(東晉)의 도연명이 나이 마흔하나에 그의 마지막 관직인 펑쩌현(彭澤縣)의 현령자리를 박차고 고향인 시골로 돌아오는 심경을 읊은 시로서, 세속과의 결별을 선언한 글이기도 하다. 도연명은 상관(上官)의 순시 때 의관속대(衣冠束帶)하고 영접해야 되는 것에 대해 쌀 다섯 말밖에 안 되는 적은 봉급을 위해 향리의 소인에게 허리를 굽힐 수 없다며 그날로 사직하였다. 귀거래사는 도연명의 이와 같은 기개를 나타내는 일화와 함께 그의 생애의 절정을 장식한 시이다. 도연명은 또 도화원기(桃花源記)라는 산문을 통해 인간이 찾을 수 없는 이상향인 도원경(桃源境) 또는 무릉도원(武陵桃源)이라는 말을 남긴 것으로도 유명하다. 도원경은 이를테면 서양의 유토피아와 같은 곳으로서 그 이야기의 줄거리는 대략 다음과 같은 것이다.

　어느 날 한 어부가 고기잡이를 위해 강을 거슬러 올라갔다. 한참을 가다 보니 복숭아 꽃잎이 떠내려 오는데 향기롭기 그지없었다. 향기에 취해 꽃잎을 따라가다 보니 커다란 산이 앞을 가로막는데 산 양쪽으로는 복숭아꽃이 만발하였다. 어부가 복숭아꽃이 춤추며 나는 가운데를 자세히 보니 계곡 밑으로 작은 동굴이 뚫려 있었다. 그 동굴은 사람 한 명이 겨우 들어갈 정도의 크기였는데 안으로 들어갈수록 조금씩 넓어지더니 별안간 확 트인 밝은 세상이 나타났다. 그곳에는 끝없이 너른 땅에 기름진 논밭, 풍요로운 마을과 뽕나무, 대나무 밭 등 세상 어느 곳에서도 볼 수 없는 아름다운 풍경이 펼쳐져 있었다. 황홀해하고 있는 어부에게 그곳 사람들이 다가왔다. 사람들은 이 세상 사람들과는 다른 옷을 입고 있었으며 얼굴에 모두 미소를 띠고 있었다. 이런 뜻밖의 상황에 대해 놀라워하는 어부에게 그 사람들은 자신들의 조상이 진(秦)나라 때 난리를 피해 이곳에 온 이후로 한 번도 밖에 나간 적이 없다고 하면서 오히려 어부에게 바깥 세상에 대해 궁금해하였다. 어부는 그들의 궁금증을 풀어 준 후 융숭한 대접을 받으며 며칠간을 더 머문 후 그곳을 떠나려 하자 그곳에 사는 사람들이 자신들 마을 이야기를 다른 사람에게 절대 말해서는 안 된다는 당부를 하였다. 그러나 어부는 너무 신기한 나머지 돌아오는 길목마다 표시를 하고는 귀향 즉시 고을 태수에게 그 사실을 고하였다. 태수는 기이하게 여기고, 사람을 시켜 그곳을 찾으려 했으나 표시해 놓은 것이 없어져 찾을 수 없었다. 그 후 유자기라는 사람이 이 말을 듣고 그곳을 찾으려고 갖은 애를 썼으나 찾지 못하고 병들어 죽었다. 이후 사람들은 그곳을 더 이상 찾으려 하지 않았고, 도원경은 이야기로만 전해지고 있다. 또한 장자는 도원경과 유사한 의미로 무하유지향(無何有之鄕)이라는 말을 자주 사용하였는데 그 뜻은 있는 것이란 아무것도 없는 곳이라는 말로 장자가 추구한 무위자연의 이상향을 의미한다.

중국 후난성 서북쪽의 상덕(常德)시 인근에는 도화원(桃花源)이라는 아름다운 계곡이 있고 그 이웃에 무릉(武陵)이라는 작은 도시가 있는데 이 지역에는 장가계, 원가계, 천자산, 천문산 등의 절경이 있고 같은 지역 안에 환상적인 경관의 황룡동굴이 최근에 발견되어 관광객들의 발길을 불러들이고 있다. 특히 도교 사찰의 하나인 이 도화원은 도연명이 도화원기에서 기술한 도원경의 실제 장소라는 주장이 있으며 인근에 있는 무릉의 절경과 황룡동굴 역시 도원경의 배경들과 많은 부분 흡사해 이채롭다.

중국에는 유배를 당하거나 낙향한 관리들에 의해 만들어진 폄관문화(貶官文化)라는 게 있다. 대부분의 중국 경승지나 유적지가 이 유배 관리들의 행적에 의해 그 가치가 크게 부가되었는데 요즈음 말로 하면 이들에 의해 관광지가 연출된 셈이다. 특히 도연명과 같이 인품과 문품을 두루 갖춘 유배 또는 낙향한 관리들이 가까이했던 산수나 풍물은 그대로 명물이 되었다. 후난성의 실물, 도화원 역시 도연명의 도원경과는 차이가 많은 곳이지만 땅은 사람에 의해 전해지고 사람은 땅에 의해 전해지는 법이니 사람과 그 사람이 살던 땅은 서로 비추어 모두 이름을 얻게 되는 것이다. <2002. 11. 1>

신작로

수확을 앞둔 누런 들판엔 농부들의 손발이 동력이 되어 움직이는 탈곡기를 이용해 나락을 훑어내고 있다. 한가로운 농부들은 누런 들판을 꾸불꾸불 가로지르는 작은 도랑을 헤집으며 망태기를 이용해 고기잡이를 하고 있고 그 옆 소택지에는 오리 떼들이 한가로이 물살을 가르며 노닐고 있다. 코뚜레를 길게 늘려 잡은 촌로들은 아직 포장이 되지 않은 도로 위를 털털거리며 지나가는 마이크로버스를 피해 신작로 한편으로 소를 몬다. 지난여름 장마에 도로가 파손되었는지 여기저기 마을 사람들이 무더기로 몰려나와 삽이나 곡괭이를 들고 나와 부역하듯 보수작업을 하고 있다. 자갈길을 출렁이며 움직이는 버스 창가로 개울가에서 빨래하는 시골 아낙들의 모습이 스쳐 지나간다. 장터에는 시골 사람들이 텃밭에서 거둔 채소를 길거리 좌판에 앉아 팔고 있고 그 아낙들의 등 뒤로는 국밥집, 자전거포, 중고 타이어 가게, 만두집 등이 정겨운 모습으로 줄지어 이웃하고 있다. 장에 나온 시골 사람들이 하릴없이 그 가게들을 기웃거리고 있는 소도읍을 뒤로하고 버스는 계속 질주한다. 장이 열리는 읍내를 벗어나 비포장 신작로를 더 달리다 보면 흙더미 제방으로 둘러싸인 푸른 들판에서 소를 뜯기고 있는 시골 풍경이 여유로워 보인다. 제방 뒤편으로는 토담집들과 새로 지어진 콘크리트 골조의 집들이 뒤섞여 어색한 모습을 연출하고 있다. 도로를 가로지르거나 신작로 갓길을 따라 걷는 시골 사람들의 옷차림은 남의 시선을 전혀 의식하지 않아 촌스럽다 못해 순박하기조차 한 모습이다. 버스가 먼지를 펄펄 날리며 신작로를 질주하고 있지만 그들은 차를 피해갈 생각이 없다. 차가 당연히 사람을 피해갈 터이니까. 그래서인지 버스 운전기사 역시 아무런 불평 없이 그들을 피해갈 뿐이다.

필자는 지금 소년시절을 보냈던 1960년대의 고향풍경을 더듬고 있는 것이 아니다. 그렇다고 타임머신을 돌려 그 시절로 돌아간 얘기는 더더욱 아니다. 지금까지의 풍경은 중국 대륙 남중부에 위치한 동정호(洞庭湖) 남쪽 호남성(湖南省)을 돌아보면서 스케치한 시골의 진짜 모습이다. 필자가 경험한 호남성의 시골은 중국을 대표할 수 없는 매우 단편적인 것이겠지만 그런 것을 감안하고 우리 형편과 비교한다면 적어도 3, 40년쯤 뒤진 모습이다. 그러나 중국을 시골만 보고 평가할 수는 없다. 호남성의 수도이자 일제 강점의 한때 우리 임시 정부가 잠시 둥지를 틀기도 했던 장사(長沙)를 포함해 길수(吉首) 등의 대도시는 세계 어느 곳에 내놓아도 전혀 손색이 없는 현대적인 모습이다. 장사로 가는 비행기를 갈아타기 위해 잠시 머물렀던 상해는 서울은 물론 맨해튼의 스카이라인을 능가하는 모습이어서 놀라움을 금할 수 없었는데, 오죽하면 상해를 잠시 조망한 김정일이 천지개벽이라며 기절초풍한 나머지 신의주 특구의 홍콩식 개발 추진에 앞뒤를 못 가리고 있을까.

이보다 더욱 놀라운 것은 관광수입에 착안한 중국의 한 지방정부가 대대적인 관광축제(군사적 열병식에 가까운 것이었지만)를 기획하고 막대한 예산을 들여 아시아와 유럽의 기자단과 기획여행업자들을 100여 명이나 초청한 일이다. 같은 자리에 초청된 세계관광기구(WTO)의 아시아 담당 과장 바르마의 말을 빌리지 않더라도 중국이 2020년이면 프랑스나 미국, 독일과 같은 관광대국들을 따돌리고 세계 최대의 관광국이 될 것이라는 것은 이미 새로운 뉴스가 아니다. 중국은 다양한 관광자원, 유구한 역사·문화, 세계적인 음식 그리고 탁월한 인적 자원 측면에서 그렇게 될 저력이 충분한 나라다. 다만 중국 대륙 곳곳에 산재한 관광지를 연결하여 관광객들을 수용할 인프라가 아직은 신작로 수준인데 지금 깔아가고 있는 신작로가 포장되고 고속화되는 날 중국은 WTO의 예상대로 세계 최대의 관광국을 향해 무한 스피드로 질주하게 될 것이다.

관광의 이동은 그 속성상 지역이 중심이 될 수밖에 없다. 유럽은 유럽 내에서, 미국을 중심으로 한 북미주는 북미주 내에서 이동의 대부분이 이루어지고 있다. 이런 의미에서 세계 최대의 관광시장이 일본과 함께 우리의 이웃에 형성된다는 것은 고무적인 일이 아닐 수 없다. 어느 날 신작로가 고속도로가 되어 탄력을 받게 될 관광대국, 중국의 부상에 우리도 함께 편승할 수 있도록 철저한 대비가 있어야 할 것이다. <2002. 10. 4>

네 시간과 한 시간

세계적으로 여행을 가장 많이 하고 또 즐기는 사람들은 독일 사람들이다. 독일 사람들은 여행인구로도 가장 큰 규모를 자랑하지만 여행 기간도 가장 길게 쓴다. 그들은 시간만 주어지면 여행을 떠난다. 이런 독일 여행자들이 즐겨 찾는 곳은 가까운 이웃 이탈리아다. 독일인들이 이탈리아를 여행할 때는 보통 이탈리아를 피에몬테, 롬바르디아 지방 등의 북부 이탈리아, 로마와 토스카나 지방을 중심으로 하는 중부 이탈리아 그리고 나폴리와 시칠리아 섬 등을 아우르는 남부 이탈리아 등 이탈리아 반도를 삼등분하여 여행계획을 세운다. 그리고 그중 한 지역을 여행하는 데 대략 두 주 정도를 할애한다. 그러니 독일인들이 이탈리아 여행을 모두 끝내려면 한 달 반이 걸리는 셈이고 세 번의 휴가를 활용해야 하는 셈이다. 독일인들의 이러한 여행 패턴은 이탈리아반도 전체가 볼 것이 도처에 널려 있는 관

광자원의 보고인 때문
이기도 하지만 그보다
는 독일 사람들의 철
저한 여행관과 느긋함
을 반영하고 있다.

반대로 우리나라에
서는 프랑스, 영국, 스
위스, 이탈리아 등의
유럽 주요 지역을 관

계림의 아름다운 산수

광하는 데 일주일에서 이주일 사이의 상품들이 주로 팔리고 있다.
그러니 이런 상품을 이용해 유럽 여행을 하려면 대부분의 시간을 관
광버스 또는 열차에서 보내야 하고 그 와중에 비행기 갈아타고 쇼핑
까지 해야 하니 여행 일정의 대부분은 런던, 파리, 로마 등의 주요
관광 매력물 앞에서 증명사진 찍는 것으로 채워질 수밖에 없다. 일
부 여행자들은 이런 형편을 모르고 패키지여행에 참가하였다가 불평
을 늘어놓기도 하지만 대부분의 사람들은 이런 주마간산식 여행문화
에 익숙해져 있을 뿐만 아니라 어쩌다 주어지는 여행 일정 중의 빈
시간을 견디지 못해 졸갑증을 낸다.

우리나라 여행자들이 매년 십만 명 이상 찾고 있는 중국 광서성
의 구이린(桂林)은 중국이 자랑하는 최고의 명승지다. 구이린 사람들
은 예부터 구이린의 절경을 계림산수갑천하(桂林山水甲天下)라는 말
로 중국 내외에 자랑하여 왔다. 구이린의 이런 명성은 1972년 미국
닉슨 대통령의 역사적인 중국 방문 일정에 구이린 관광이 포함된 것

을 비롯하여 최근의 클린턴 대통령에 이르기까지 수많은 외국 정상들이 이곳을 방문하고 있는 것으로도 입증되고 있다.

구이린 관광의 백미는 수천의 산봉우리가 연출하는 천하 절경의 허리를 감싸고도는 이강유람이다. 중국인과 외국인 여행자가 각각 따로 이용해야 하는 이강유람은 그러나 한 번 돌아보는 데 네 시간이 소요된다. 이 이강유람의 묘미는 물살이 빠르지 않은 강물에 몸을 맡기고 세상의 모든 잡념에서 벗어나는 완전한 이탈에 있다. 그러나 절경 구경이 전부인 우리나라 사람들은 똑같은 산봉우리들이 반복해서 나타나는 이강유람을 견디지 못해 유람선 위에서 고스톱 판을 벌이거나 소주 판을 벌이기 일쑤다. 이런 한국인 여행자들을 배려하여 이강 유람선 운영 당국은 한 시간짜리 특별 코스를 편법으로 운영해오다 이제는 아예 한 시간 코스를 한국인 관광객만을 위해 따로 개발하여 판매하고 있다.

중국에는 또 양자강 삼협에서 출발하여 중국인들이 평생에 한 번은 꼭 방문하고 싶어 한다는 소주와 항주를 거쳐 상해를 연결하는 열흘 남짓의 크루즈가 서양 사람들과 일본인들에게 인기 상품으로 팔리고 있다. 이 유람선에 한국 사람들을 승선시켰더니 이틀도 안 되어 도중에 모두 내려 더 이상 판매가 되지 않는다고 한다.

지난 수십 년 동안 우리는 숨 고를 틈도 없이 바쁘게 뛰어왔다. 그래서 그나마 오늘날 우리가 이만큼의 여행이나마 할 수 있는 여유를 갖게 되었다. 그러나 어쩌다 주어지는 여행까지 종종걸음으로 할 수는 없는 것이다. 시간에 쫓겨 여행을 할 바에야 굳이 여행을 위해 돈을 써야 할 이유를 모르겠다. 여행사로서는 여행자들의 기호에 맞추어 상품을 개발할 수밖에 없다고 하겠지만 이제 여행사들 역시 우리 여행문화를 선도해 나갈 책임이 있다. 여행자들이 여행의 묘미를 진정으로 깨달을 수 있도록 상품개발을 유도해 나가야 한다. 여행이 더 이상 일의 연장이 되어서는 안 된다. 여행은 여유이기 때문이다. <2002. 12. 6>

인문상초 산수호남(人文湘楚 山水湖南)

명동 인근의 한 호텔에서 중국 여유국 한국 지국장 주최로 조찬 모임이 열렸다. 이 자리에는 중국호남여유제(HUNAN CHINA TOURISM FESTIVAL)에 초청된 기자단과 중국 전문 판매 여행사 간부와 직원 몇 명이 함께 자리하였다. 식사가 시작되기 전에 설기평 지국장이 인사를 하면서 중국여행이 처음인 사람 있으면 손들어 보란다. 한 잡지 기자가 손을 들었다. 그 젊은 기자를 보면서 나는 속이 좀 켕겼다. 사실은 나도 이번 중국여행이 처음이었지만 관광분야에 20년 이상을 종사한 내가 가까이 있는 중국 한 번 못 가보았다는 것이 창피하게 느껴져 차마 손을 들 수가 없었다. 이런 내 마음을 알길 없는 설 지국장은 이번 여행의 주 목적지가 될 장가계(張家界)는 거리 때문에 본인도 아직까지 가보지 못한 절경인데 우리보고 그런 의미에서 이번 여행이 엄청난 행운이란다. 장가계에 대해 전혀 사전 지식이 없던 나는 그저 무덤덤한 기분이었다. 실은 처음 여행길이니 기왕이면 북경이나 상해 같은 곳이었으면 더 좋지 않았을까?

　어쨌거나 다음날 저녁 해가 떨어진 직후 우리는 장사(長沙) 공항에 도착하였다. 장사에 오기 전 잠시 비행기를 바꾸어 탄 푸동공항에서도 느낀 것이지만 장사공항은 국제선 공항이 아님에도

장가계의 비경

불구하고 현대적 시설은 물론 공항 공간이 넓고 쾌적하여 나를 놀라게 하였다. 중국은 인프라가 형편없다던데. 이런 나를 더 놀라게 한 것은 호남성 여유국에서 우리 일행을 영접하러 온 여직원의 모습이었다. 비행기가 예정보다 일찍 도착하는 바람에 공항에 늦게 나온 게 되어 '쏘리 쏘리'를 연발하던 이 아가씨의 모습이나 옷차림은 그동안 내가 보아왔던 젊은 중국여인들과는 천지 차이가 있는 것이었다. 훤칠한 키가 그렇고 또 웬 세련된 옷차림! 설 지국장이 북경에서 너무 멀어 장가계 구경 한 번 못했다고 해서 순 벽촌인 줄만 알았더니 우리가 자랑하는 인천공항 못지않은 장사공항은 무엇이고 밀라노나 파리 패션의 옷차림이 분명한 저 중국 미인은 또 무엇이란 말인가. 이후 여행 일정 내내 우리를 동반한 이 장사 미인 황크(黃可)는 예의 그 세련된 패션과 매너 그리고 전에는 느끼지 못했던 들을수록 정감이 가는 달콤한 중국어 악센트로 우리 일행을 사로잡았다.

장사 시를 관통하는 상강(湘江)을 경계로 하여 오나라와 촉나라를 품어 삼국지의 무대이기도 하였던 호남 지역은 예로부터 황흥, 채악 등 걸출한 문인, 정치인, 군인 등의 인물을 많이 배출하였는데 모택동, 유소기, 호요방, 화국봉 등이 그렇고 현재 중국 국무원 총리인 주룽지 역시 호남성 사람이다. 장사에서 자동차로 한 시간여를 달리면 상담시가 나오고 이 상담시에는 소산이라는 조그만 촌락이 있는데 이곳이 바로 60년대 10억 중국인들의 성지였던 모택동의 고향이다. 이곳에서 불과 40㎞ 떨어진 영향에 문화혁명 당시 모택동과 권력을 다투었던 유소기의 생가가 이웃해 있다는 것은 신기한 일이 아닐 수 없다. 하늘이 인물을 낼 때는 반드시 라이벌과 함께 내려 자웅을 겨루게 한 것이 인류사라고 했던가.

중국 호남성과 호북성을 가르는 것은 동정호를 기준으로 삼는 것인데 동정호는 중국대륙의 배꼽이라고 할 수 있는 곳이다. 동정호는 중국의 신화나 전설과 관계가 많은 곳으로 이 호수로 흘러드는 상강은 바로 호남성의 수도인 장사를 관통하고 있다. 일제 강점 시기 대한민국 임시정부가 중경까지 피해가기 바로 전 일 년여 동안 임시정부 거처로 삼기도 했던 장사는 하늘의 별자리를 따서 지은 이름이란다. 하늘에는 장사 좌 땅에는 장사. 이 도시가 장사라는 이름을 갖게 된 다른 연유는 상강에서 발달된 모래톱에 지어진 도시라는 의미도 있다고. 장사 중심에서 서쪽으로 상강을 넘으면 악록산이 상강 서부의 장사를 감싸고 있는데 이 악록산 동편 산기슭에는 모택동이 청년 시절을 보낸 악록서원을 품고 있다. 악록서원은 중국 송나라시대 중국 강남 4대 서원의 하나인데 남송 시절 주희와 장식이 이곳에서 학생들을 가르쳤다고 한다. 악록서원은 모택동이 공부한 곳으로 더 유명한데 지금도 모택동의 침대와 기숙사가 이곳에 원형대로 보존되어 있으며 모택동이 공부하다 힘이 들면 쉬었다던 애만정(愛晩亭)이라는 정자에는 관광객의 발길이 끊이지 않고 있다.

장사 시 동쪽 교외에는 중국 서한(西漢) 초기(BC 206년) 장사국 승상 대후 가족 묘지가 1970년대에 공사 중에 출토되었는데 이 묘지에서 살아 있는 듯한 여성의 유해가 나와 중국은 물론 세계를 놀라게 하였다. 이곳에서 출토된 승상부인의 미라는 죽으면 가장 먼저 상한다는 장기가 2000년이 지난 지금도 원형대로 보존되어 있어 구경꾼들의 경탄을 자아내고 있다. 모두 세기의 고분에서 한나라시대의 유물이 출토되었는데 토우, 도기는 물론 비단, 면사 등의 진귀한 방직물도 발굴되었다. 이 외에 현대 지도와 유사한 지도도 발굴되어 관련 학계에 비상한 관심을 모았고 약 10만 여자에 달하는 사료가 출토되어 역사, 철학, 과학기술 등에 관한 귀중한 역사적 문헌자료가 되고 있다.

장사 시에서 고속도로로 두 시간여 그리고 비포장도로를 한 시간 남짓 달리니 상덕이라는 작은 도시와 마주한다. 이른 아침 장사 시를 출발한 버스가 비포장길을 경찰의 캄보이를 받으면서까지 기를 쓰고 달려온 이유를 나중에야 알게 되었다. 도연명의 고향 도화원이 상덕시 바로 이웃에 있었는데 오전 열한 시가 도화원 축제의 개막식이었기 때문이었다. 그러나 주최 측의 정성어린 축제 준비에도 불구하고 이른 아침부터 내리기 시작한 빗줄기가 그 굵기를 더해 처음 시작하는 축제를 망치고 있었다. 개막식에서는 축제 분위기를 돋우기 위해 대낮에 폭죽을 하늘 높이 쏘아대고 있었는데 흐린 날씨였으니 망정이지 맑은 하늘로 쏘아댔을 불꽃을 상상하니 그림이 그려지지 않는다. 그렇지만 중국 사람들은 모든 행사에 밤낮을 가리지 않고 폭죽 쏘기를 좋아한단다. 심지어는 장례식에서조차.

도화원은 동진시대 도연명이 이곳을 백성들이 편안히 쉬면서 즐겁게 살 수 있는 이상향으로 묘사하여 우리들에게 상상의 도시인 무릉도원으로 더 잘 알려진 곳이다. 이곳은 또한 진나라 시절 이웃 도시인 무릉 사람들이 전란을 피해 은거한 곳으로도 전해지고 있다.

16세기 전 도연명은 도화원을 지구상에는 존재하지 않는 선경으로 묘사했는데, 실제로 이곳은 아름다운 산속에 열매가 달리지 않는 복숭아 꽃밭과 계곡, 도교 사원과 정자들이 그림처럼 안겨 있는 곳이다. 진나라시대에 처음 조성되어 당과 송나라시대에 번창하다가 원나라시대에 완전히 파손된 적이 있고 이후 명과 청나라를 거치면서 흥망성쇠를 거듭한 곳이다. 도화원은 또한 아직까지도 중국 문화를 지배하고 있는 도교 사상의 중심인 고대 중국 4대 도교 사원 중의 하나이다. 이곳에는 크고 작은 동굴 서른다섯 개와 마흔여섯 곳의 기복의 장소가 있다. 도화원은 도연명뿐만 아니라 맹호연, 왕창령, 왕유, 이백 등의 중국 문호들이 다녀가면서 시를 남긴 곳으로도 유명하다. 약 8평방킬로미터의 산으로 둘러싸인 이 전설과 신화의 땅에서는 복숭아꽃이 만발하는 매년 3월 28일이면 축제가 열리는데 전 세계 사람들을 끌어들여 복숭아꽃 향기에 취하게 해 무아지경으로 몰아넣고 있다고 한다.

같이 동반한 중국 전문 여행사의 정 사장은 호남성 여행 일정 내내 유머와 재치 있는 말재간으로 우리 일행을 즐겁게 해 주었는데 정 사장은 지난 3년간 중국 대륙의 웬만한 관광지를 대부분 섭렵했다고 했다. 그런데 이번 우리 여행 일정의 주 목적지인 장가계만큼은 초행길로서 요즈음 한국 관광객들이 가장 많이 선호하고 있어 관련 상품 개발을 위해 이번 여행에 참가하게 되었다고 한다. 정 사장은 또 중국 판매의 어려움을 토로하면서 우리나라 사람들이 좋아하는 여행지의 취향이 늘 바뀌어서 상품기획에 어려움이 많다는 것이다. 예를 들면 곤명, 계림, 해남도, 장가계 식으로 손님의 취향이 늘 순환되고 있어 항공사와 패키지여행사가 상품 수요를 도무지 예측할 수가 없다는 것이다. 그러니 상품개발이 어려울 수밖에.

도화원에서 버스로 산골길을 두어 시간쯤 달렸을까. 이른 아침부터 부산을 떤 일행은 덜컹거리는 버스와 피곤이 겹쳐 비몽사몽간에 계절도 아닌 도화원의 복숭아 향기에 취해 있었을까. 눈을 떠보니 수백 개의 석순들이 갑자기 우리를 가로막았다. 서유기 영화를 촬영하였다는 그리고 한국 사람들이 변덕스럽게도 계림보다도 더 좋아한다는 3,000개의 석순의 숲 장가계. 삼국지의 장량이 숨어 살아서 장가계라는 이름으로 불리게 되었단다. 1992년 UNESCO는 이 장가계를 세계자연유산으로 지정하여 보호하고 있고 1982년 중국 정부가 지정한 국립공원 1호의 명승지이다.

아침에 케이블카를 타고 황석채에 오르니 발 아래로 내려다보이는 물안개에 둘러싸인 석봉들이 한 폭의 동양화 그대로이다. 그래서 이곳은 화가, 사진작가들이 일 년 내내 몰려들고 있고 등산가들의 꿈이기도 하단다. 장가계의 명물 석봉과 석순들은 케이블카를 타고 해발 고도 1,300미터를 오르면 황석채라는 곳에서 사방으로 모두 눈 아래로 펼쳐진다. 이 봉우리들은 금편계곡을 따라 20여 리를 걸으면서 또 다른 장관으로 다가선다. 사람들이 이곳에 와 아래를 보아도 와와, 위를 보아도 와와라는 탄성을 지르기 때문에 일명 와와산이라는 별명으로 불리고도 있다는 가이드의 설명이다. 얼마나 절경이면 금편계곡에는 나이 많아 거동이 불편한 노인들과 장애인들을 실어 나를 수 있는 가마가 줄을 지어 서있을까. 장가계 시에서 한 시간여 버스를 타면 천자산이 케이블카로 연결된다. 100평방킬로미터에 달하는 천자산 역시 2,000여 개의 석봉과 석순들이 눈 아래로 펼쳐지는 장관이다. 장가계 시 외곽에는 최근에 발견된 황룡동굴이 있는데 동굴을 다 돌아보려면 처음에는 보트를 이용해야 하고 나중에는 도보로 4층이나 올라가면서 볼거리가 펼쳐지는 대형 동굴이다. 전체 면적이 20헥타르나 되며 수직 높이로 100미터가 넘는 규모란다, 이 동굴 안에는 네 개의 호수, 세 개의 폭포, 열세 개의 대형 광장이 있으며 그 안에 헤아릴 수 없는 석순, 석주, 석화 등이 화려한 조명으로 판타지를 연출하고 있다. 장가계 인근에는 아직 관광객을 위해서 개발이 되지 않아 접근이 어려운 천문산과 원가계가 있는데 이곳이 개발되어 관광객에게 개방된다면 장가계를 돌아보는 데만도 일주일은 잡아야 할 것이라고 한다.

호남성 여유국은 우리 일행을 위해 많은 배려를 아끼지 않았는데 장가계에서 길수까지의 기차여행 기회가 그중의 하나이다. 처음 타보는 중국의 침대 열차는 침대 시설과 시트 등의 위생 상태가 유럽의 침대 열차에 비교해 전혀 손색이 없었다. 우리나라는 땅덩어리가 작아 침대 열차가 없으니 비교의 대상이 못되고.

　호남성 내 토가족과 묘족 등 소수민족 자치구인 상서자치구의 수도 길수 시에서 남쪽으로 비포장도로를 달리면 우리나라의 60년대 모습을 아직도 간직하고 있는 시골 모습이 연결되고 비포장길 중간에 남방장성이 나타난다. 이곳은 최근에 발견되어 복원된 성인데 북경의 만리장성과 비교하여 남방장성이라는 이름이 붙여졌다. 길수에서 남방장성에 이르기 전 탁강변을 둘러싸고 고풍스런 건물들이 독특한 모습으로 다가서는데 봉황고성이라는 곳이다. 마치 중국의 축소판 베네치아로 보이기도 하는 이곳은 납이산을 끼고 190㎞나 되는 명과 청나라시대에 축조된 중국 남방 지역의 최대 장성이다. 성문 내 시내 쪽으로는 천왕묘, 회룡각, 고성루 등이 보존되어 있고 중국 근대의 문호 심종문의 생가와 묘소가 있어 관광객들의 발길을 잡고 있으며 마침 심종문 탄생 100주년을 기념하는 축제가 강변에서 열리고 있었는데 이 축제에 몰려든 중국인들을 보고 우리나라에는 잘 알려지지 않은 심종문의 인기를 가늠할 수 있었다. 중국 명사들은 봉황고성의 빼어난 경관에 빠져 아직도 이곳에 별장을 많이 가지고 있다고 한다. 봉황고성은 특히 이국적인 분위기 때문에 유럽 관광객들이 즐겨 찾는 곳인데 이곳은 여강고성, 안휘성 그리고 절강성과 함께 중국 4대 고성의 하나로 알려져 있는 곳이기도 하다.
<2002. 10. 11>

짬뽕문화의 교훈

지난 수천 년 동안 우리의 가장 가까운 이웃이었던 중국인들이 한국에 몰려오고 있다. 베이징올림픽을 목전에 두고 있고, 중국경제의 성장규모가 일취월장하고 있어 중국관광시장이 미국시장을 추월하여 제2의 송출시장으로 떠오른 데 이어 일본인 관광객들을 제치고 한반도를 평정할 날도 그리 멀지 않을 것 같다. 그러나 중국관광객이 거론될 때마다 우리를 곤혹스럽게 하고 있는 것은 저급의 중국관광시장과 이들을 맞이하는 우리의 수용 태세 문제이다. 한마디로 말해 지난 수천 년간의 이웃이라고는 하지만 차이나타운 한 곳 없는 것이 극명한 한중관계의 현 주소인 것이다. 어디 그뿐인가. 툭하면 우리는 중국인을 지칭할 때 떼놈이라는 말로 그들을 비하하기를 좋아하고 일본인들은 왜놈이라고 부르며 멸시하고 있다.

일본 나가사키 시 초청으로 나가사키(長崎), 시마바라(島原) 그리고 운젠(雲仙)온천 지역을 돌아볼 기회가 있었다. 나가사키는 2차 세계대전을 종식시키는 직접적인 원인이 된 원폭투하로 우리에게 널리 알려진 도시이지만 일본의 개항과 서양문물의 접수가 나가사키를 통해서 이루어진 것을 아는 사람들은 그리 많지 않을 것이다. 17세기에 일본은 나가사키 항을 통해 포르투갈로부터는 천주교를 받아들였고 네덜란드와는 교역을 열어 서양문물을 처음으로 접하게 되었다. 그러나 이번에 나가사키 시가 필자를 포함해 한국언론인단을 초청하게 된 것은 뜻밖에도 구정 첫날부터 정월대보름까지 열렸던 나가사키 랜턴페스티발의 홍보를 위해서였다. 축제 기간이 시사하는 바와 같이 이 기간은 중국의 춘절과 일치하고 있다. 기자단이 방문 했을 때 나가사키 시내 중심부에 위치한 차이나타운은 물론 백화점, 호텔, 상점가를 포함해 나가사키 시 전체가 온통 중국의 홍등으로 뒤덮여 있어 마치 중국의 한 도시에 와 있는 것으로 착각이 될 정 도였으며 야간의 나가사키 시내는 이들 연등행렬이 시내 곳곳에 넘 쳐 환상적인 분위기를 연출하고 있었다. 나가사키에는 이 외에도 공 자묘를 두고 매년 제사를 지내는가 하면 중국에서 전래되어 왔다는 조정경기의 일종인 페론경기를 축제화하여 매년 개최하는 등 중국문 화 잔재들이 여기저기 남아 있었다. 특이한 것은 나가사키 사람들이 유럽이나 중국 문화를 배척한 것이 아니고 나름대로 이들 문화를 섭 취하여 계승, 발전시켜오고 있다는 것이다. 랜턴페스티발이 그 좋은 예이고 17세기 서양 상인들의 집단 주거지를 원형대로 보존하여 그 주거자의 이름을 따 그라바가든(Glover Garden)이라는 이름으로 관

광자원화하고 있는 것이 또 다른 예이다. 이런 의 미에서 이 도시 의 문화적 특징 을 극명하게 보 여주는 사례는 나가사키가 자랑 하는 음식인 짬

나가사키의 화란촌 데지마섬

뽕일 것이다. 짬뽕은 라면, 야끼 우동 그리고 사라 우동을 합쳐서 만든 나가사키 특유의 퓨전 음식이기 때문이다.

작금의 세계경제는 지역 블록화를 도모하여 생존을 추구하고 있다. 미국을 중심으로 한 NAFTA, 유로라는 단일화폐를 통용시키고 있는 EU 등이 그 대표적인 사례다. 우리나라를 중심축으로 하는 동북아 지역도 더 이상의 각개 약진 전략으로는 미국이나 유럽의 경쟁 상대가 될 수 없을 것이다. 따라서 한국·일본·중국을 연결하는 동북아 경제권을 결성하는 것만의 이들과 대응하여 생존해 나갈 수 있는 유일한 전략이 될 수 있을 것이다.

인구 40만의 작은 항구 도시 나가사키는 한중일 공동교류의 해를 맞이하여 많은 행사를 기획하고 있다. 이 도시의 시민들은 원폭투하로부터 받은 깊은 상처를 딛고 평화의 도시로 거듭나고 있음은 물론 이국문화를 향해 그 빗장을 활짝 열어놓고 있는 것이다. 우리는 이 작은 도시의 사례에서 어떻게 우리가 동북아 경제권의 중심으로 성장해갈 수 있는지를 배울 수 있을 것이다.

비행기로 채 한 시간도 안 걸려 닿을 수 있는 일본열도 남단 규슈 지역 나가사키 현 일대의 온천지대 여행은 나가사키 시 당국이 일본인들의 국내여행 수요가 줄어들자 그 빈자리를 한국과 중국인 관광객들로 채우기 위한 노력의 일환으로 추진한 것으로 때마침 개최된 춘절 기간의 랜턴페스티발에 초점을 맞추어 진행되었다. 가까운 거리이지만 일본 여행이 처음이나 마찬가지인 필자에게 나가사키 지역은 마치 남부 유럽의 지중해 연안을 여행하고 있는 인상을 주었다. 햇살이 따스한 해양성 날씨와 이 지역의 아열대성 기후에서 자라는 식물 분포가 그랬고 늘 희뿌연 서울 하늘에서 시달리다가 모처럼 만난 무공해 공간을 통해 보이는 파란 하늘의 인상이 그러했다. 인천공항에서 불과 한 시간밖에 날아오지 않았는데 이렇게 다른 분위기를 연출하다니! 그래서 많은 사람들이 일본 여행 후 책써내기를 다투어 하고 있구나. 그것도 제각각 다른 모습으로.

나가사키는 1845년 8월 9일 원폭이 투하된 도시로 이 역사적인 사건을 기념하기 위해 원폭투하지점에 평화공원과 원폭자료관이 조성되어 관광객들에게 그때의 참상을 일깨워주고 있다. 나가사키는 또한 17세기에 서양문물을 향해 일본이 처음으로 개항한 도시로서 그 당시의 선교 유적과 데지마 섬(出島)으로 대표되는 일본 최초의 서양과의 교역지인 상관이 잘 보존되어 있는 도시이기도 하다. 물론 상관 자체는 지금 복원공사가 한창 진행되고 있지만. 나가사키는 일찍이 서양과의 개항지였던 관계로 주민들이 다른 지역의 일본 사람들과는 달리 개방적이고 친절하다는 게 안내 역할을 맡아준 부산시청 소속 파견 연수 공무원인 이원실 씨의 설명이다. 필자가 일주일 동안 만난 이 지역 사람들에게서 받은 인상도 이원실 씨의 설명과 일치하는 것이었다.

나가사키는 일본 쇄국시대에 유일하게 창구역할을 했던 항구로서 서양과는 물론 중국과도 오랫동안 교류를 해온 도시로서 나가사키 특유의 독특한 문화를 형성해 왔으며 그 유적으로 나가사키 시 남산에 위치한 메이지시대의 글로버 가든, 1893년에 중국인들에 의해 해외에서는 처음 만들어졌다는 공자묘 등이 있고 일본에서는 드물게 1864년에 26인의 성인을 기념하기 위해 세워진 오오무라 성당 등이 혼재되어 있는 도시이다.

나가사키 시내의 원폭 투하지점을 공원으로 조성한 평화공원에 인접해 있는 원폭 자료관에서는 終戰의 직접적인 계기가 되었던 1945년 당시 원폭 투하로 빚어진 처참한 피해 상황을 돌아볼 수 있어서 인간이 얼마나 잔인해질 수 있는지를 느끼게 해 주었다. 특히 인상적이었던 것은 일본 최초의 천주교 성당이 원폭 투하에 의해 파괴된 모습이었는데 나가사키는 원폭 피해는 물론 17세기 선교 이후 순교자들의 순교지가 많아 일본에서 흔치않은 성지 순례지이기도 하다. 나가사키에는 이 외에 서양과의 교역을 위해 서양인들의 주거지가 집단적으로 조성되어 있었는데 이 지역을 보존해 관광지로 조성하여 개방하고 있는 모습을 보고 우리의 옛 조선총독부 건물이었던 중앙청을 헐어낸 것이 무척 아쉽게 느껴졌다.

나가사키 인근에는 유명한 오마바온천이 있는데 노천온천의 수온이 섭씨 100도가 넘는 온천도 있어 온천물에 계란을 삶아먹는 것을 보고 놀랐다. 인상적인 것은 온천의 수온이 높은 것은 물론 수량이 풍부해서 매일 25만 톤이 넘는 온천수가 오마바의 하수구와 해변으로 넘쳐흘러 온 동네가 온천 수증기로 뒤덮여 있는 모습이었다. 이곳 온천의 특징은 옥상과 해변에도 온천을 운영하고 있는 점이다. 시간이 여의치 않아 65도의 노천탕에 발만을 담갔는데도 하루의 피로가

운젠의 노천온천

싹 풀리는 느낌이었다. 언젠가 온천을 유난히 좋아하는 아내를 꼭 한 번 데리고 와서 며칠 묵어가고 싶은 장소였다. 그러나 아쉬운 것은 이 지역의 대중교통이 불편해 접근이 쉽지 않아 많은 관광객들이 인근의 운젠온천을 가기 위한 경유지로만 거쳐 간다는 것이었다.

오마바에서 한 시간여를 가파르게 운전하여 해발 700미터 고지에 오르면 역시 노천온천이지만 유황온천인 운젠(雲仙)온천을 만나게 되는데 이곳 역시 노천온천의 수증기가 온 동네를 덮고 있는 것은 물론 유황냄새가 진동해 일명 지옥 순례지라는 별명으로 불리고 있는 곳이기도 하다. 이 지역은 일본 최초로 지정된 국립공원이기도 하며 이곳에서 자동차로 20분여를 올라가면 1991년의 화산 폭발로 43명의 인명을 앗아간 평성신산이 있고 그 신산 아래로는 화산 폭발로 인한 토석류가 계곡을 할퀴고 흘러내려 당시의 처참한 상황을 웅변으로 설명해 주고 있었다.

그 산 아래 시마바라 시가지가 펼쳐져 있는데 이 도시에는 화산 재해의 참혹함을 재현한 운젠화산재해기념관을 건립해 학생들과 일반 관광객들의 체험관광을 유치하고 있었다. 나가사키와 시마바라를 돌아보고 느낀 것은 원자폭탄 투하와 화산폭발로 상징되는 인간 능력의 한계와 도전 그리고 이를 응징하려는 신의 의지 같은 것이었다.

나가사키 지역은 이 지역의 개방적 특성을 잘 설명해 주는 축제들이 개최되고 있어 일 년 내내 관광객들을 끌어 모으고 있는데, 매년 구정에 시작해서 정월 대보름에 끝나는 중국 유래의 랜턴페스티발, 매년 여름에 열리는 일종의 조정 경기이자 역시 중국 유래인 페론대회 그리고 매년 4월에 열리는 범선 축제 등이 그것들이다.

나가사키는 옛날부터 중국, 네덜란드, 포르투갈의 영향을 많이 받아 중화요리나 싯포꾸 요리 등 외래문화의 영향을 흡수한 독특한 식문화를 발전시켜왔으며, 나가사키 지역의 여행을 마무리하는 것은 아무래도 이 지역의 독특한 문화를 반영한 이들 음식을 먹어 보는 일일 것이다. <2002. 3. 8>

천혜의 관광지 태국

관광 관련 업종에 오래 종사하다 보면 이런저런 일로 태국을 방문할 기회가 다른 나라에 비해 많다. 누가 무어라 해도 태국은 아시아 최대의 관광국이기 때문일 것이다. 태국은 관광지로서 이상적인 조건을 두루 갖추고 있다. 여행을 가장 많이 즐기는 유럽 관광객들에게는 물론 우리에게도 이국적인 관광지이다. 태국을 방문하는 횟수가 늘어나면서 느끼는 것은 태국인들이 여행자들을 진심으로 환대해 주고 무엇이든지 싸게 즐길 수 있다는 것이 이곳의 쾌적한 날씨와 더불어 여행자들을 편안하게 해 준다는 것이다.

최근에 두 주일을 사이에 두고 두 가지 다른 목적으로 태국을 방문하게 되었다. 하나는 학생들과 동행한 졸업여행이었고 다른 여행은 타이항공이 치앙마이를 태국 북부의 허브로 삼고 라오스의 루앙프라방과 미얀마의 양곤을 새롭게 취항하면서 문화관광 상품을 개발하기 위해 실시한 팸투어 참가였다.

특히 학생들과 동행하여 처음으로 패키지를 이용한 이번 졸업여행은 학생들의 시각으로 태국을 바라볼 수 있는 기회였다. 다음은 학생들이 체험한 태국여행 소감의 단편. 다만 치앙마이 여행기는 필자의 것이다.

태국 여행 중 가장 훌륭한 관광상품으로 알카자 쇼를 선택하고 싶다. 태국에서 가장 인기 있고, 가장 많은 사람들이 찾아온다고 알려져 있는 쇼가 바로 알카자 쇼인데 알카자는 변한다는 뜻이라고 한다. 알카자 쇼는 성을 바꾼 사람들인 트랜스젠더들이 출연하는 데서 유래되었다고 한다. 태국에 트랜스젠더나 게이가 많은 이유는 예로부터 전쟁이 잦았던 이 나라에서 자식을 군대에 보내지 않기 위해 아들을 딸로 탈바꿈시키는 경우가 많았다는데 이것이 계기가 되어 지금까지도 많은 사람들이 트랜스젠더를 행하고 있다고 한다. 쇼에 나오는 트랜스젠더들은 선택된 사람들로서 이 중에는 수술을 한 사람도 있고 그렇지 않은 사람도 있다고 한다. 소극장만한 크기의 알카자 공연장 무대 시설들은 우리나라 공연장에서 쓰고 있는 것들보다 좋은 편이었고 조명시설도 굉장히 현란한 모습이었다. 파타야 관광 중 오며 가며 눈에 띄던 일본인, 중국인, 캐나다인, 미국인, 유럽인 관광객들이 모두 이곳에 집결한 것으로 보아 이 쇼의 인기도를 가늠케 한다. 처음엔 별로 내키지

피피섬의 아름다운 해변

않았던 쇼였지만 차례차례 공연을 관람하다 보니 트랜스젠더들의 춤과 노래도 훌륭했고 무대 장치, 음악, 효과, 의상 등이 대단하다고 느껴졌다. 쇼에서는 각국의 관광객을 위해 각 나라의 대표적인 곡을 선정하여 부르기도 했다. 중국, 미국, 한국 등의 대표곡과 민속 공연이 소개되었는데 그중 미국의 브로드웨이의 뮤지컬 공연은 매우 뛰어난 편이었지만 우리나라의 아리랑 춤은 좀 어설퍼서 뭔가 빠진 듯한 느낌이었다. 50달러 정도의 VIP좌석을 포함해 객석은 만원이었고 우리가 앉은 좌석은 뒤편에 임시로 마련된 것이었는데도 빈자리가 없었다. 공연 내내 사람들은 박수를 아끼지 않았고 사진과 비디오를 찍는 플래시 라이트가 현란하였다.

태국은 개방적인 나라인 만큼 게이나 트랜스젠더들에 대한 선입견이나 부정적 시선이 우리나라보다 훨씬 덜하다. 아예 누가 게이든 아니든 상관하지 않는 분위기로 이런 것들은 그저 선택의 자유라고 생각하는 모양이다. 사람들은 트랜스젠더를 우리와 같은 보통 사람들로 보고 있고 이들 또한 자유롭고 당당하게 살아가고 있는 것 같아 이채로웠다.

태국의 바다는 달력에서나 보던 것과 같이 색깔이 아름다워 인상적이다. 산호섬의 그 멋진 광경은 정말 잊을 수가 없다. 그곳에는 관광객들을 위한 다양한 기념품점과 음식점이 있을 뿐 다른 것은 보이지 않았다. 그렇기 때문에 그곳은 오로지 관광객만을 위한 곳이라고 생각되었다. 바닷물도 따뜻해서 해수욕하기에 쾌적하였으며 해수욕장 근처에서 바나나 보트, 제트스키 그리고 수상 행글라이더와 같은 옵션들을 같이 즐길 수 있어 좋았다. 파타야 산호섬의 바다는 자연의 신비로움 그 자체였다. 하늘이 그대로 투영된 듯한 푸른 바다에서의 낙하 비행은 지금까지도 기억에 생생해 잊을 수가 없다.

아, 마사지! 여행 중의 모든 피로를 말끔히 씻어준 태국의 전통 마사지는 왜 그렇게 많은 사람들이 태국을 찾게 해 주는지에 대한 답을 주는 것이었는데 마사지가 끝난 후 출구에서 만난 각국의 수많은 관광객들이 바로 그것이었다. 태국은 또한 맛있는 과일이 많고 다양하다. 이번 여행을 통해 맛나고 귀한 열대 과일들을 많이 먹어보았는데 과일을 이용해 관광객을 유치하는 것도 좋은 방법이라고 생각된다.

늘 야간비행만 하다가 밝은 대낮에 하늘을 나는 것도 나름대로 새로운 느낌이다. 사람들은 자기들을 휘감고 있는 어두운 구름 위에 태양이 이렇게 밝게 비추이고 있다는 것을 알고 있을까? 돈무앙공항 착륙 한 시간여를 앞두고 비행기의 그림자는 메콩 강의 구불구불한 허리를 빠르게 건너간다. 하늘에서 내려다본 태국의 농경지는 잘 정지된 모습으로 새롭게 지어지고 있는 선진국형의 주택들과 어울려 풍요롭기 그지없다. 치앙마이가 태국 북부의 허브로 새롭게 출발한다고 해서 타이항공이 방콕을 경유하지 않고 치앙마이로 바로 가는가 했더니 비행기는 트랜짓을 위해 방콕에 내렸다. 기다리는 시간 없이 비행기를 갈아탄 우리 일행은 한 시간 만에 조그만 규모의 치앙마이 국제공항에 내려 십여 분의 드라이브 끝에 숙소인 치앙마이 플라자호텔에 짐을 풀었다. 호텔은 우리를 위해 별도의 리셉션룸에서 체크인 수속을 해 주었는데 우리 관광이 태국에 비해 부족한 점이 바로 이런 사소한 배려들의 집합일 게다. 태국 호텔은 휴양지의 특성을 살려서 모두 훌륭한 풀장을 소유하고 있고 수영장에는 풀사이드 바가 운영되고 있다. 특이한 점은 이 풀사이드 바가 손님에게 드링크를 강매하는 일이 결코 없다는 것이다. 바로 이런 점이 태국에 손님을 계속해서 끌어들이고 있는 매력의 하나일 것이다.

이번 팸투어는 치앙마이의 관광지를 둘러보기보다는 타이항공의 새로운 노선 취항에 즈음하여 타이항공이 주관하는 이벤트 참가가 주목적이다. 치앙마이를 허브로 하여 라오스의 유네스코 지정 문화도시인 라오 프라방과 미얀마의 양곤 취항을 홍보하기 위해 '세 문화의 경이(The Wonders of 3 Cultures)'라는 이벤트를 기획하고 여행업자들과 언론인들을 초청한 것이다. 타이항공이 취항하는 두 도시와 치앙마이를 합쳐 세 나라의 문화를 이벤트, 패션쇼, 인형극, 세미나 그리고 레이저쇼 등을 이용해 소개하는 것이다. 이쪽 문화와 역사에 문외한인 필자가 보기에는 이 세 나라의 문화적 결속력이 만만치 않아 보인다. 어느 날 이들이 국력을 키워 국제사회에 함께 등장한다면 우리를 비롯해 이웃 나라들에게 커다란 위협이 될 수 있겠다 싶다.

이벤트 후 프로그램으로 매타만 코끼리 캠프(Maetamann Elephant Camp)를 방문하여 코끼리 타기, 대나무래프팅, 황소수레 타기 등을 즐길 수 있었는데 산중에 위치한 치앙마이의 농촌 분위기와 어울려 향수를 불러일으키는 프로그램으로 각국 참가자들 모두 즐겁게 참여하는 모습이다.

치앙마이를 찾는 관광객들의 대부분은 고산족 마을 트레킹에 참여하고 있다. 북부 고지대에 거주하고 있는 주요 고산족들로는 카렌, 메오, 라후, 야호, 아카, 리수족 등이 있다. 이들 부족들은 각기 고유의 언어와 의상, 종교와 역사적 배경을 지니고 있다.

치앙마이는 태국 남부와는 달리 날씨가 습하지 않고 쾌적하여 주거환경이 뛰어난 곳이다. 이곳의 관광 매력 역시 남부 태국과는 달리 태양과 해변을 이용한 리조트라기보다는 17세기 이후 이곳에 정착한 죄인과 추방자들에 의해 조성된 독특한 문화 유적 탐방과 트레킹 그리고 그 후예들에 의한 목공예 위주의 세공과 실크 제조가 발달되어 이들 제품 위주의 쇼핑이 주를 이루고 있다. 치앙마이 겨울의 쾌적한 날씨는 골퍼들의 천국이어서 우리나라에서도 매년 겨울 골프 관광객을 위한 전세기가 취항되고 있다. <2003. 12. 12>

브루나이의 추억

사스(sars) 때문에 해외여행은 꿈도 꾸고 있지 않은데 신문사로부터 프레스투어 제의가 왔다. 이 와중에 팸투어라니! 브루나이라는 곳도 동남아 언저리일터인데 사스로부터 자유로울 수는 없을 터. 그러나 여행준비를 하면서 알게 된 사실은 30만이 조금 넘는 인구의 브루나이왕국은 약간의 중국계와 원주민을 제외하고는 전 인구가 말레이계인데 사스가 문제가 되자 아예 사스 감염 지역과의 교류를 전면적으로 금지해버렸다고 한다. 따라서 브루나이는 물론 말레이시아도 중국, 싱가포르 그리고 필리핀 등과의 항공운항을 중단시키는 극단적인 조치를 취함으로써 단항 대상 국가들로부터는 욕을 먹었지만 그 덕에 사스로부터는 완전히 자유로운 여행목적지로 남아 있게 되었다.

브루나이의 이슬람사원

　　토요일 오전 늦게 인천공항을 출발한 말레이시아항공 비행기는 네 시간을 넘게 밝은 햇살을 받다가 코타키나발루에 내릴 때는 구름과 빗살을 헤집고 을씨년스런 분위기의 공항에 내려앉았다. 적도의 열기와 추적추적한 열대의 끈끈함이 온몸에 감겨와 마치 우리나라 장마철 시작 전의 불쾌감이 느껴진다. 코타키나발루에서 잠시 머문 우리 일행은 로얄부르나이 항공에 몸을 실었는데 여승무원들이 머리에 터번을 두른 채 서빙하는 모습이 이국적이긴 하지만 왠지 넉넉한 분위기를 풍겨준다. 비행기 이륙 직전 알라신에게 안전한 비행을 기원하는 기내 방송은 난생 처음 들어보는 것이지만 굵은 바리톤 음색의 기도 소리는 여행자의 고단함을 편안하게 달래주는 마력을 머금고 있었다. 이슬람 기도가 이토록 평화롭게 마음에 와 닿을 줄은 상상도 못했던 일이다. 나중에 브루나이에 체재하면서 느낀 것이지만 이 곳 사람들은 여행자들을 늘 편안하게 대하고 있었는데 이런 게 모두 이슬람을 신봉하기 때문이라는 현지 가이드의 설명이다. 호텔 수영 장과 국립공원 입장 시 현금과 신용카드 등이 들어 있는 지갑을 직 원에게 맡겨 보았는데, 손댄 흔적 없이 고스란히 되돌려 받았을 만 큼 이 나라 사람들이 정직한 것도 남의 것을 탐낼 줄 모르는 이슬 람의 영향이란다. 9·11테러 이후 뭇사람들에게 회자되고 있는 문명 의 충돌은 기독교문명의 오만한 편견이었단 말인가.

코타키나발루 이륙 후 채 30분도 되지 않아 비행기는 부루나이의 수도 반다르 세리 베가완공항에 내려앉았다. 브루나이 전체가 싱가 포르의 열배 밖에 되지 않는 작은 규모라서 수도라고 따로 지칭할 것도 없었지만 여전히 비가 내리고 있는 수도 반다르 세리 베가완에 는 어느새 어둠이 밀려들고 있었다.

남지나의 망망대해를 품고 있는 엠파이어 호텔은 전형적인 리조트 호텔로 건설되어 있다. 적도 지방 특유의 물결 하나 없이 숨죽인 듯 잔잔한 해안을 끼고 컨트리클럽이 조성되어 있고 컨트리클럽 한편을 차지하고 있는 엠파이어호텔은 말로만 들어오던 부자나라, 브루나이 왕국의 부의 상징으로 우뚝 서 있다. 호텔 로비에 들어서자 칠 층의 아트리움을 받치고 있는 웅장한 규모의 대리석 기둥이 압도해 오는 데 대리석 기둥 중간 중간을 금으로 장식하여 호화로움의 극치를 연 출하고 있다. 황금 장식 기둥 뒤로 통 유리벽을 통해 펼쳐지는 남지 나해의 평화로움은 황금 장식 기둥에 이어 또 한 번 열린 입을 다 물지 못하게 한다. 모든 객실이 해변을 향하도록 설계되어 있는 호텔 인테리어 역시 유럽풍의 넓고 높은 공간과 함께 모두 대리석으로 치장되어 있어 호화로움 그 자체다. 그래서 사람들은 이 호텔을 실제로는 이 세상에 존재하지 않는 칠성급 호텔이라는 별명으로 부르고 있는데 그 이름에 전혀 손색이 없는 시설이다. 심지어는 수영장 바닥과 극장입구의 카펫까지 황금과 황금분으로 장식하거나 치장하여 돈의 위력을 실감할 수 있게 한다. 시설뿐만 아니라 손님 두 명당 한 명의 서비스종사원 고용을 원칙으로 하는 호텔 서비스도 완벽하게 제공될 수 있도록 종업원들이 잘 훈련되어 있다. 그러나 이 호텔의 평균 객실 점유율은 일 년 내내 20%를 넘지 않아 왕실이 이 호텔을 국부의 상징으로 운영하고 있다는 말을 뒷받침하고 있다. 이를테면 왕실은 초호화 호텔의 운영을 통해 신민의 고용을 책임지고 있다고나 할까?

호텔의 부대시설로는 잭 니콜라우스가 설계한 18홀 규모의 해변 골프코스, 영화관 세 개와 450석 규모의 극장, 테니스코트, 스쿼시, 에어컨 냉방의 배드민턴 실내코트, 볼링장 그리고 야외와 실내 풀등을 최고급 시설로 갖추고 있어 세상과 절연하고 며칠 푹 쉬어가고자 하는 여행자에게는 리조트로서의 조건을 모두 구비한 완벽한 휴양지이다. 골프코스는 나이트 라운딩을 즐길 수 있도록 야간 조명시설이 갖추어져 있으며 세계 100대 명문에 드는 로얄브루나이 골프클럽 등의 최상급 골프코스가 호텔 인근에 더 있다. 그렇지만 이 모든 골프코스에는 내장객이 드물어 속칭 대통령골프를 즐길 수 있는 골퍼들의 천국이다.

이슬람 문화는 관광의 요체라고 할 수 있는 술, 도박 그리고 여자

에 의한 나이트 라이프를 용납하지 않고 있어 전형적인 이슬람국가
인 브루나이는 음주가무를 즐기는 우리나라 여행자들에게는 반쪽 관
광만을 제공하는 문화적인 특성을 가지고 있다. 그래서 브루나이는
디즈니월드 수준의 제루동파크라는 어뮤즈먼트 공원을 조성하여 운
영하고 있는데 공원 안에는 다양한 놀이시설은 물론 폴로클럽, 골프
장 등을 갖추고 있어 밤늦도록 가족단위의 여행자들을 유혹하고 있
으며 밤 아홉 시에 공연되는 분수 쇼는 장관을 연출한다.

적도 아래 밀림지대인 브루나이는 요즘 각광받고 있는 생태관광의
보고이다. 반다르 세리 베가완선착장에서 건기에 수위가 낮아지면
악어도 출몰한다는 황토 빛 강을 따라 40여 분을 쾌속으로 질주한
후 미니버스에 옮겨 타 15분 정도를 드라이브하면 룰루 템부롱 국
립공원으로 이르는 협곡에 닿는다. 열대우림(rain forest)이 발달하여
트레킹과 래프팅을 즐기기 위해 관광객들이 많이 찾는 곳이다. 이곳
에서 구명대를 착용하고 5인승 조정에 올라 한 시간여를 거슬러 올
라가면 국립공원 트레킹코스와 연결된다. 이 트레킹 코스의 마지막
에는 지표식물을 보호하기 위해 1,226개의 계단을 설치하였는데 사
람들은 이 계단을 오르내리면서 지난 잘못들을 반성하기도 하고 새
로운 선행을 계획하기도 한단다. 계단 끝에는 닫집(canopy)을 설치하
여 놓았는데 고소공포가 심한 사람들은 엄두도 내지 못할 만큼 높이
솟아 모험을 즐기는 여행자들을 유혹하고 있다. 룰루 템부롱국립공
원의 트래킹에서 돌아오는 길에 거친 숭아이 강을 따라 래프팅을 즐
긴 후 강 끝에 조성되어 있는 수상촌과 야시장을 돌아보는 것도 이
국적인 경험이다.

호텔 객실에 돌아와 창가에 서니 파도 하나 없이 잔잔한 바다가 객실 앞에서 바로 펼쳐진다. 문명을 뒤로한 채 인적 드문 섬나라에서 수평선과 틱낫한 스님의 책 한 권에 빠져드는 것은 세상의 온갖 번뇌, 질시, 투기 그리고 두려움에서 벗어나 영혼과 자연이 동화되는 편안함으로 이끌어 준다. 태고의 원시와 인간 본래의 모습이 이랬을 것이다. 멀리 수평선 너머로 피어오르는 뭉게구름은 어린 시절 장마 끝에 잔디밭에 누어 꿈을 실어 보내던 그 모습이다. 바다는 하늘하기에 따라 그 색깔과 모양을 달리하고 있다. 짙푸른 색의 코발트가 되었다가 에메랄드빛으로 변화하기도 하지만 남양만의 석양은 결코 화를 내는 법이 없다. 평화와 환대가 모두 알라신의 뜻이기 때문이다. <2003. 5. 30>

석굴암과 다비드

매년 봄 부활절 연휴가 시작되면 유럽 사람들이 가장 많이 찾아가는 곳은 아마도 이탈리아 중부의 토스카나 지방일 것이다. 사람들이 토스카나를 늦은 봄에 많이 찾는 이유는 계절에 맞는 아름다움이 그곳에 있기 때문인데 토스카나 일대의 자연은 노란색 봄꽃들이 신록과 어우러져 사람들을 편안하게 해 주는 마력이 있다. 이러한 편안한 지형과 온화한 기후가 이곳을 이탈리아 최고의 와인산지로 만들고 있기도 하다. 그리고 토스카나 지방 여정의 마무리를 피렌체에서 할 수 있다는 것은 여행자들이 토스카나 여행을 선택하는 또 다른 이유이다.

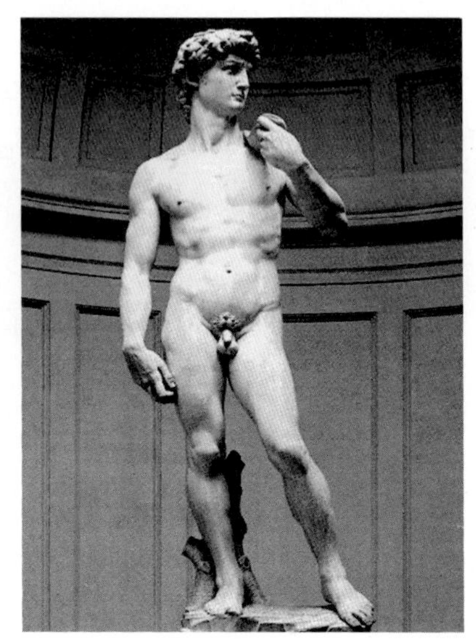

원형보존인가, 고객만족인가

　바쁜 여행자들에게 이름 그대로 꽃처럼 아름다운 도시이자 르네상스의 발원지인 이탈리아 피렌체를 한눈에 감상하는 방법으로 피렌체 서쪽 언덕에 위치한 미켈란젤로 광장에 올라볼 것을 권하고 싶다. 언덕 위 미켈란젤로 광장에서 굽어보는 피렌체는 시내를 관통하는 아르노 강을 사이에 두고 마치 화려하고 정교하게 꾸며진 화원을 보고 있는 듯한 아름다움을 연출하고 있어 보는 이들로 하여금 탄성을 자아내게 한다. 그러나 언덕 뒤편의 미켈란젤로 광장은 이 광장의 중앙에 우뚝 서 있는 다비드 상이 아니라면 여행자들에게 그저 주차 편의나 제공하는 평범한 주차장에 불과하였을 것이다. 피렌체에 있는 두 개의 복제품 중의 하나인 미켈란젤로 광장의 이 다비드 모형

246

은 많은 관광객들에게 피렌체 방문을 기념하는 사진촬영의 즐거움을 선사해 주고 있을 뿐만 아니라 평범한 언덕에 그럴듯한 이름을 부여하여 관광명소로 연출하고 있는 좋은 사례이다.

미켈란젤로가 청년 시절에 완성한 진품 다비드 조각은 토스카나 공국의 정청이었던 베키오궁 앞 시뇨리아 광장에 세워져 있었으나 현재는 그곳에도 복제품이 서 있고 진품은 아카데미아 미술관으로 옮겨져 전시되고 있다.

석굴암 모형관 건립 추진을 둘러싸고 문화계와 환경단체 간의 논란이 끊이지 않고 있다. 논란의 핵심은 모형관 건립의 당위성 여부와 건립할 경우 모형관의 위치를 어디에 둘 것이냐 하는 근원적인 문제와 모형건립 추진 당국자들이 전문가들과 충분한 사전 의견 수렴 없이 모형관 건립을 일방적으로 밀어붙이려 한다는 절차적인 문제로 요약되고 있다.

석굴암 모형관 건립에 따른 논란을 잠재우기 위해서는 모형관 건립이 왜 필요한지 그 당위성에 대한 이해가 선결되어야 한다고 본다. 모형관 건립의 목적이 유리 보호벽 설치에 의해 석굴암에의 접근이나 접촉이 금지된 관람자들에 대한 서비스를 제공하기 위한 것이라면 모형관을 어디에 둘 것이냐 하는 것은 그렇게 중요한 문제가 아닐 것이기 때문이다.

유엔과학문화기구(UNESCO)가 지정한 세계문화유산의 하나인 석굴암은 관람객들에 의한 훼손을 방지하기 위해 1970년대 중반부터 유리보호막을 설치하여 보존하여 오고 있다. 이 유리보호막의 설치로 석굴암의 보존 목적은 충분히 달성하고 있다고 보나 유리벽을 통해서 바라보는 석굴암으로는 관람자들이 그 문화적인 가치를 충분히 인식하거나 체험할 수는 없게 되었다. 그래서 석굴암 인근에 모형을 건립하여 관람자들의 욕구를 충족시켜 주자는 것이 모형관 건립의 취지일 것이다. 또한 모형관 건립이 석굴암의 문화재적 가치를 훼손하는 일은 아닐 것임으로 모형관 건립 자체에 반대할 이유도 없는 것이다. 모형관 건립에 대한 이견이 없다면 모형관의 개수나 위치는 관람객들의 접근이 편리하고 환경을 해치지 않는 장소를 선택하여 설치하면 된다고 본다.

미켈란젤로의 다비드 상 복제품을 다비드 조각상의 원 위치나 미켈란젤로와는 전혀 무관한 언덕 위에 세워놓고 오히려 그 장소를 미켈란젤로 광장으로 명명하여 관광명소로 활용하고 있는 이탈리아 피렌체의 사례는 석굴암 모형관 설치와 관련된 우리 전문가들 사이의 논란을 정리하는 데 좋은 귀감이 될 수 있을 것이다. <2002. 5. 3>

두 좀도둑의 차이

밀라노지사 근무 귀국 후 지하철 안에서 늘 지니고 다니던 가방을 잃어버렸다. 퇴근 후 술 한 잔하고 지하철에 가방을 올려놓은 채 깜박 잠이 들었었는데 내릴 때 보니 가방이 없어진 것이다. 그 안에 뭐 값진 것이 들어 있었던 것은 아니지만 분신같이 오랫동안 들고 다니던 가방이라서 허전하였고 특히 개인 전화번호부가 그 안에 들어 있었기 때문에 그 이후 큰 불편을 겪게 되었다.

이탈리아는 관광객을 상대로 하는 도둑이 많기로 악명이 높은 곳이다. 관광객은 물론 이곳에 근무하는 주재원들도 주재 근무 기간 동안 한두 번씩 도난을 당하는 것은 예사로 되어 있다. 도난의 내용도 자동차, 집털이, 가방들치기 등 다양하다. 내 경우는 3년 반을 근무하면서 운 좋게도 도난 한 번 당한 적이 없었는데, 귀국을 한 달 여쯤 남겨놓은 시점에 조그만 도난 사건을 겪게 되었다.

밀라노는 다른 이탈리아 도시와 마찬가지로 두오모라는 대성당을 중심으로 발달된 도시이다. 점심 식사 후 이 두오모 광장을 지나 사무실로 돌아가던 중 집시들을 만났지만 늘 겪던 일이라서 그들을 뿌리치고 한 300여 미터쯤 왔을 때인데, 집시 중 어린이 한 명이 달려와서 등 뒤에서 나를 불러 세우는 것이었다. 돌아본 나에게 놀랍게도 이 집시 어린이는 내 열쇠지갑을 내미는 것이었다. 어이가 없어서 주머니를 뒤져보니 분명히 늘 지니고 다니던 열쇠지갑이 없어져 있었다. 이탈리아는 다른 서양사회와 마찬가지로 아파트, 사무실, 자동차 등의 열쇠를 무거울 정도로 챙겨가지고 다녀야 하는 데 사무실과 아파트 열쇠 등은 보통 복사가 되지 않도록 설계되어 있어서 분실하면 여간 불편해지는 게 아니다.

이 집시 어린이는 열쇠 지갑을 돌려주면서 손바닥을 같이 내밀었다. 열쇠를 돌려주니 사례를 하라는 뜻이었다. 어이가 없어 웃음이 나왔지만 한편 생각해 보니 고마운 일이기도 하여 열쇠 주머니 안에 있던 잔돈 몇 천 리라를 그 아이의 손에 쥐어주고 쓴웃음을 짓고 돌아선 적이 있었다. 그때의 열쇠 주머니는 결국 잃어버린 가방과 함께 내 곁을 떠났다.

　도난당한 가방과 그 가방 속의 전화번호부 때문에 몇 번이나 지하철 분실물 센터에 전화를 해보았지만 허사였고 그 안에 명함이 들어 있었으니 도둑이나 또 그 가방을 주은 다른 사람이 전화라도 주겠거니 하고 기대하여 보았지만 허사였다.

　많은 사람들은 이탈리아를 이야기하면 부정적인 면을 먼저 떠올리는 것 같다. 도둑이 많은 나라, 되는 것도 없고 안 되는 것도 없는 나라, 미남자들이 여행객을 상대로 치근대는 나라. 시간을 지키지 않고, 약속도 지키지 않는 나라…….

　밀라노에 20년 이상을 거주하면서 이탈리아인들에게 한국어를 강좌하고 있는 분에게 들은 이야기인데 한국관련 업체에 근무하고 있는 대부분의 수강생들이 자기들에게 삶의 터전을 마련해 주고도 직속 상사들이기도 한 한국인에 대해서 호감을 갖고 있기는커녕 늘 경멸하고 있다는 것이다. 듣기에 참으로 민망한 이야기이지만 '빨리빨리'와 'Piano piano(천천히, 천천히)'로 극명하게 대비되는 두 나라 간의 확연히 다른 업무 처리방식, 또 아랫사람을 대하는 권위주의적인 우리의 태도가 이들을 모두 적대관계로 돌려놓고 있구나 싶어 씁쓸한 느낌을 가졌었다.

　로마에 가면 로마사람이 되라고 하였는데 우리의 경우는

베네치아의 산마리노 광장

아직까지도 현지에 적응하면서 많은 갈등을 만들어 내고 있는 것 같다. 예를 들면 우리 주재원들이 현지 아파트에 입주할 때 임차보증금을 보통 3개월분 정도 내게 되는데 이탈리아에서의 보증금은 전세보증금의 성격보다는 수선충당금의 성격이 강해서 퇴거 시 페인트, 가구 등의 손상이 있는 경우 이에 대한 비용을 전부 또는 일부 공제하도록 되어 있다. 반면에 우리나라에서는 전세입주금을 계약 기간이 끝난 후 당연히 돌려받는 것으로 되어 있어 당연히 돌려받으려는 한국 주재원과 비용을 공제하려는 현지인 간에 첨예한 갈등을 빚게 된다.

이러한 일들이 반복되면서 불필요한 불신을 낳고 나아가 우리나라와 한국 사람에 대한 이미지를 흐려놓는 결과를 빚게 되는 것이다.

돈과 신용을 선택해서 잃을 수 있다면 당연히 돈 쪽을 선택하는 것이 현명한 일이 아니겠는가.

고향으로 돌아오는 여행

소골-충청도 연기의 조그마한 산골 이름으로 내가 태어나 자란 곳이다. 소골에서 작은 고개 두 개를 넘고 큰 내를 건너서 십여 리 길을 가면 경부선 간이역 전동(全東)에 닿는데 나는 초등학교 시절을 면소재지이기도 한 이곳을 오가며 보냈다. 중학교는 전동과는 다른 방향으로 시오리 거리에 있는 조치원읍으로 다닌 나는 고등학교와 대학과정의 절반을 대전으로 기차 통학으로 마친 후 취직이 되어 서울로 올라왔다. 서울의 처음 직장에서 야학으로 나머지 대학공부를 마친 나는 우리나라 관광 매력을 해외에 홍보하는 국영기업으로 직장을 옮긴 후 지구촌의 심장부라고 할 수 있는 뉴욕과 세계적인 패션 도시인 이탈리아 밀라노에서 주재 근무를 하였다. 지나온 여정을 좀 구구하게 늘어놓은 이유는 소골 촌놈이 면 소재지, 군청 소재지, 도청 소재지와 서울을 거쳐 뉴욕과 유럽에까지 출세(出世 : 넓은 세상에 나아감)한 얘기를 하기 위함인 것이다. 심심산골 소골 촌놈이 면, 군, 광역시, 특별시를 거쳐 해외에까지 차례로 진출하였으니 나름대로 출세한 셈이기 때문이다.

내가 태어나 자란 소골은 사방이 야트막한 산으로 둘러싸여 조용하고 정겨운 산골이다. 어려서 이곳에 살 때는 군(郡)에서 제일 높은 산이라서 군가(郡歌)의 가사에도 나오는 오봉산이 동네 앞을 가로막고 있어 제법 큰 산 밑에 살고 있는 줄만 알고 지냈었는데, 출세 이후 서울의 북한산, 도봉산과 유럽의 알프스 산자락에서 살다가 고향에 돌아가 보니 오봉산은 그저 고향의 푸근함을 안겨주는 품 안의 야산에 불과하였다. 그러나 어쩌다 돌아가 보는 소골은, 산천은 옛 모습이지만 같이 지내던 사람들이 모두 떠나가 더 이상 정붙일 수 있는 고향 마을은 아니다.

두 번의 주재 근무를 통하여 나로서는 인생의 황금기를 보낸 뉴욕은 가을 단풍이 빼어나게 아름다운 곳이다. 내가 살았던 곳은 뉴욕 북쪽의 교외였는데 이곳에서 북동쪽으로 미국의 뉴잉글랜드 지방까지 연결되는 단풍은 가을이면 현란한 색조로 활활 타올라 세계적으로 그 명성이 알려진 장관을 연출한다. 허드슨 강 양안을 끼고 뉴욕의 부자들이 밀집해 살고 있는 버겐 카운티와 웨체스터 카운티의 풍요로운 숲 속에 그림 같이 정돈된 아름다운 마을들을 잊을 수 없다.

마지막 해외 근무지인 밀라노는 그리스도교를 처음으로 공인한 로마 황제 콘스탄티누스의 4세기 초 유적에서부터 나폴레옹이 황제 대관식을 가진 두오모 대성당에 이르기까지 이탈리아의 고색창연한 건축물들의 조화로운 방사형 배치가 아름다운 도시이다. 지난 수세기에 걸쳐 회색으로 바랜 이 도시의 대리석 건물들이 늦가을 짙은 안개와 어우러질 때 나는 두오모 거리의 카페에서 에스프레소 깊은 향에 취해 나락을 알 수 없는 노스탤지어에 빠져들곤 했었다. 밀라노는 패션 도시로서의 명성에 걸맞게 패션쇼, 가구 전시회, 그리고 스칼라 좌의 오페라가 일 년 내내 세계 곳곳의 온갖 멋쟁이들을 유혹하고 있어 매력이 넘치는 도시이기도 하다.

그러나 내가 가장 애착을 가지고 살고 있는 곳은, 태어나 자란 소골도 아니고, 제2의 고향이라고 할 만큼 왕성한 활동을 했던 뉴욕도 아니며, 패션과 오페라의 도시 밀라노도 아닌 서울의 동쪽 끝에 조용히 숨겨진 마을, 둔촌동이다. 세계의 화려한 도시에서 주재 근무를 마치고 서울로 돌아올 때마다 내 가슴은 둔촌동에 안기는 푸근함으로 늘 설레어 왔었다. 둔촌동 역시 몇 년씩 자리를 비우다 돌아오는 나를 늘 정겨운 모습으로 반겨주었다. 둔촌동(遁村洞)은 서울이지만 이름에서 풍기는 대로 숨겨진 시골 마을로, 고려 말에 학문과 덕이 높고 절의(節義)를 굽히지 않아 삼은(三隱)으로 불리던 포은(圃隱) 정몽주, 목은(牧隱) 이색, 도은(陶隱) 이숭인과 함께 사은(四隱)으로 칭송되던 묵은(墨隱) 이집(李集)이 공민왕에게 당시 무소불위로 권력을 휘두르던 요승(妖僧) 신돈을 탄핵하였다가 이를 알고 노발대발한 신돈의 토살령으로 목숨의 위협을 받게 되자 몸을 피해 이곳 일자산 자락에 토굴을 파고 피신해 있은 데서 유래한 지명이다. 도은 이숭인은 이집 선생이 마을에 토굴을 파고 산 것을 기념하여 숨은 마을, 피하는 마을이라는 의미의 둔촌(遁村)이라는 아호를 지어주었는데 이후 이것이 일자산 일대의 지명이 되었으며, 지금도 둔촌동과 일자산 일대에는 둔굴, 안둔굴, 굴바위 등의 지명이 전해 내려오고 있다. 신혼 초부터 둔촌동의 시골스런 풍경에 이끌려 이곳에서 살기 시작한 나는 둔촌동의 소박한 분위기에 흠뻑 빠져들어 이십여 년이 넘게 이 동네를 떠나지 못하고 있다. 둔촌동을 떠나지 못하고 있는 사람들은 우리 이웃들도 마찬가지여서 우리 이웃들 역시 이곳에서 영주하고 있거니와 어쩌다 떠난 사람들은 곧 되돌아오기 일쑤다. 둔촌동이 이렇듯 나와 우리 이웃들의 발목을 잡고 놓아주지 않는 이유는 아마도 고향을 떠나 도회 생활에 시달리고 있는 우리 시대의 보통 시민들에게 고향의 분위기를 대신 지켜주고 있기 때문일 것이다.

우리 아파트 동네는 더불어 사는 이웃들의 모습이 정겨운 곳이다. 매년 시월이면 온 동네 주민이 어우러져 옛날에 고향에서 그랬던 것처럼 춤판과 노래판을 벌이는 아파트 단지 축제를 열고 있어 이웃 동네의 부러움을 사고 있고, 매월 첫 번째 일요일 아침이면 남녀노소 모두가 참여하여 아파트 단지를 질주하는 건강 달리기가 이웃 간의 벽을 허물고 있다. 우리 아파트 이웃에는 내 동생 가족과 내 동생의 처가가 같이 살고 있고, 처형 네 가족과 처형의 시동생 가족도 함께 살고 있다. 또 내 학교 동기 동창생과 아내의 여고 동창생이 세 명씩이나 같이 어울려 살고 있다.

우리 동네는 육천여 세대로 구성된 대단위 아파트 단지이지만 그린벨트인 일자산을 끼고 경기도 하남시와 이웃해 있고 단지 자체가 구릉지대에 위치한 지형을 그대로 살려 조성된 데다가 남쪽으로는 올림픽 공원과 연결되어 있어 자연환경이 잘 보전된 주거지이다. 자연녹지를 있는 그대로 살려 오밀조밀하게 조성한 단지의 아파트 건물 높이 역시 십 층을 넘지 않아 편안함을 주고 있고, 구릉의 원래 모습과 선형을 살려서 꾸며진 단지가 마치 고향마을 같아 푸근함을 안겨주고 있다. 동네 사람들은 이런 우리 아파트 단지에 남다른 애착을 가지고 있어 동네를 스스로 가꾸고 있다. 우리 아파트 동의 한 이웃과 경비 아저씨는 내 집 가꾸듯 아파트 정원을 매일 아침 돌보고 있고, 주말에는 이웃 모두가 환경 가꾸기에 참여하여 아파트 주변이 늘 단정하게 정돈되어 있다. 단지와 그린벨트를 연결하는 수풀에는 서울에서는 드물게 자연 늪지가 보존되어 있어 장마철이면 개구리, 맹꽁이 울음소리가 그치질 않아 어릴 적 고향 마을에 대한 향수를 달래주기도 한다.

고향마을 같이 더불어 살아가는 둔촌동에서 매일 아침 마을 뒷자락인 일자산으로 산책을 겸한 등산길에 오르면 늘 마주치는 친근한 이웃들과 건강한 하루를 함께 시작할 수 있어 즐겁다. 이 일자산, 둔촌(遁村) 이집(李集) 선생의 절의(節義)를 지켜준 은둔처로 오르는 아파트 단지 안 오솔길에, 우리 마을의 한 이웃이 꽃씨를 뿌려 놓고 시를 지어 팻말에 꽂아 놓아, 오고 가는 이들에게 이제는 우리 고향 마을이 된 둔촌동의 인정을 따사롭게 전해 주고 있다.

짧지만
고향마을 닮아
사색이 흐르고
정이 머무는 길

당신의 해맑은 미소가 그리워
여기
꽃씨를 뿌렸습니다.

무심히 흘려버린
담배꽁초.
갖가지 오물.
애견들의 배설물까지…….
부끄러운 뒷모습에
애써
눈감아버린 안타까움 대신
이제는
모두의 가슴속에 사랑이 번지는
촉촉한
님의 마음 묻고 가소서.

이슈로 풀어본
관광의 어제와 오늘

- 초판 인쇄　　2008년 7월 21일
- 초판 발행　　2008년 7월 21일

- 지 은 이　　박의서
- 펴 낸 이　　채종준
- 펴 낸 곳　　한국학술정보㈜
　　　　　　　경기도 파주시 교하읍 문발리 513-5
　　　　　　　파주출판문화정보산업단지
　　　　　　　전화　031) 908-3181(대표) · 팩스　031) 908-3189
　　　　　　　홈페이지　http://www.kstudy.com
　　　　　　　e-mail(출판사업부)　publish@kstudy.com
- 등 　 록
- 가 　 격　　27,000원

ISBN　　978-89-534-9749-8 93980 (Paper Book)
　　　　　978-89-534-9750-4 98980 (e-Book)